入門

ロボット工学

高田 洋吾 著

Primer of Robotics

森北出版株式会社

●本書のサポート情報を当社Webサイトに掲載する場合があります．
下記のURLにアクセスし，サポートの案内をご覧ください．

https://www.morikita.co.jp/support/

●本書の内容に関するご質問は，森北出版 出版部「(書名を明記)」係宛
に書面にて，もしくは下記のe-mailアドレスまでお願いします．なお，
電話でのご質問には応じかねますので，あらかじめご了承ください．

editor@morikita.co.jp

●本書により得られた情報の使用から生じるいかなる損害についても，
当社および本書の著者は責任を負わないものとします．

■本書に記載している製品名，商標および登録商標は，各権利者に帰属
します．

■本書を無断で複写複製（電子化を含む）することは，著作権法上での
例外を除き，禁じられています．複写される場合は，そのつど事前に
(一社)出版者著作権管理機構（電話03-5244-5088，FAX03-5244-5089，
e-mail：info@jcopy.or.jp）の許諾を得てください．また本書を代行業者
等の第三者に依頼してスキャンやデジタル化することは，たとえ個人や
家庭内での利用であっても一切認められておりません．

まえがき

　さまざまな姿のロボットが，商品の製造や搬送から接客，身の回りの世話まで，何もかも引き受けてくれる時代が始まりつつある．そして，近い将来，労働力不足はなくなり，介護離職や過労死の問題も解消するかもしれない．同時に，ロボットに奪われる職もあれば，いままでなかった新しい職も生まれる．新技術の栄枯盛衰の激しい昨今，ロボット開発およびロボット利用に関連する産業は増大傾向にあるため，その基礎となるロボット工学を率先して学ぶ学生は増えると考えられる．そして，ロボット工学を学んでおけば，ロボット関連産業に限らず，現代社会におけるさまざまな産業分野でも活躍できる人材になりうる．なぜなら，ロボットを作るために必要とされる根幹技術（機械・電気・プログラミング）が，多くの産業分野で必要とされる基礎技術と共通しており，ロボット工学を学ぶことで，機械工学，電気工学，制御工学を相互連携させるスキルを体得できるためである．本書で学んだ学生が，幅広い知識と習得した連携スキルを活かして，技術開拓を推進する生き方をすることを期待している．

　なお，上述のようなロボットの社会浸透を支えているのは，プログラムどおりに動作する「自動ロボット（automatic robot）」から，外的要因にもとづいてロボット自身が判断して行動する「自律ロボット（autonomous robot）」への発展である．しかし，自律ロボットを学習する前に，古くからある自動化技術を学ぶべきであり，本書で扱うのも自動ロボットについてのみである．

　本書では，ロボット工学の基礎を学ぶ題材として昔からよく用いられてきた2自由度ロボットアーム（2関節ロボット）を対象に，運動学，動力学，制御方法を学ぶ．まず，要点をつかんで，覚えるべきところは丁寧に頭に定着させてほしい．そのため，本書では，きちんと定着できているかを確認する意味を込めて，章末問題として簡単な問題を用意した．無印または★が付いた問題は，覚えているかを確認するための問題であるので，何も見ずに解答できてほしい．また，★★が付いたものは，例題と同等か，もしくはそれ以上の難易度の問題であるので，例題を理解した後に解いてみてほしい．★★★が付いた問題は難問だが，できれば挑戦してみてほしい．

　なお，学習途中に，式中の変数の意味がわからなくなったら，目次の後に本書で使用した全変数がまとめられているので，そのページで変数の確認をしてほしい．本文中の☑はポイントや補足的な内容である．また，参考文献をあげたので，自分に合っ

た難易度の書籍を選び，各章の復習や，本書を習得後のステップアップ先として参考にしてほしい．

　この教科書は，高校（普通科）と工業高校を卒業した者，高等専門学校生，大学生をおもな対象としており，さらに，ロボット工学の専門書では学ぶのに難しいと考えている大学院生や若手技術者にも有用になればと思って執筆した．数学が苦手な人であっても，式の導出に悩まないように，できるだけ詳細に式を書き記した．また，本書の第4章と第5章において，C言語で作成したプログラムを活用できるようにしたので，学んだことに対して実感がわかないときは活用してほしい（ダウンロード可）．特に，プログラミングの初心者でもわかるように，forループとif分岐の知識だけで解読・改良できるように配慮した．

　あるいは，プログラミングにふれずに，この教科書を読み，例題や章末問題を解き進めて学習するのもよい．その場合，第4章の2自由度ロボットアームの運動方程式を自力で導出できるようになることと，第5章の2自由度ロボットアームの位置制御（5.2節）を理解できることを目標に学んでほしい．講義で用いる場合，たとえば，2学期制（セメスター制）で，受講者が大学3回生であるなら，90分講義14回に対して，第1章1回，第2章1回，第3章4回，第4章5回，第5章3回の授業計画が適している．講義回数15回なら，第3章を5回にするのもよい．ただし，第5章は紹介程度にとどめ，第3章と第4章に重点をおく学習計画で講義をしてもよいだろう．また，独学でロボット工学を勉強する場合も，第3章の運動学と第4章の静力学・動力学を中心に学ぶことを強く勧める．

　この本では難しい数学表現をいっさい用いずに執筆したが，ロボット工学として，学ぶべき内容をすべてこの一冊に詰め込むことができたと確信している．

　執筆中，大変お世話になった森北出版株式会社の石田昇司氏，上村紗帆氏はじめ関係各位に深く感謝する．

2017年7月

著　　者

目　次

まえがき ……………………………………………………………………… i

使用記号の説明 …………………………………………………………… vi

第1章　ロボットとは　　　　　　　　　　　　　　　　　　　　1

1.1　コンピュータ・アクチュエータと産業用ロボット ……………… 1

1.2　ロボットアームの構造 ………………………………………………… 2

1.3　ロボットアームの制御系 ……………………………………………… 5

第2章　ロボットアームを構成する要素　　　　　　　　　　　8

2.1　アクチュエータ ………………………………………………………… 8

　2.1.1　直流モータ ………………………………………………………… 9

　2.1.2　ブラシレス DC モータ ………………………………………… 10

2.2　センサ …………………………………………………………………… 11

　2.2.1　ポテンショメータ ……………………………………………… 12

　2.2.2　ロータリーエンコーダ ………………………………………… 13

　2.2.3　ジャイロセンサ ………………………………………………… 14

　2.2.4　力覚・圧覚センサ ……………………………………………… 15

　2.2.5　モータトルクの取得方法 ……………………………………… 16

2.3　コントローラ …………………………………………………………… 17

　2.3.1　制御の概念 ……………………………………………………… 18

　2.3.2　制御される側（制御対象） …………………………………… 21

　2.3.3　制御する側（コントローラ部） ……………………………… 21

　2.3.4　アナログ制御とディジタル制御 ……………………………… 22

　2.3.5　統合制御装置とモータドライバ ……………………………… 23

章末問題 …………………………………………………………………… 24

第3章　ロボットアームの運動学　　　　　　　　　　　　　26

3.1　ロボットの自由度 ……………………………………………………… 26

iv　目　次

3.2　位置と姿勢と座標系 ……………………………………………… 27
　3.2.1　移動体の場合 ……………………………………………… 28
　3.2.2　ロボットアームの場合 ……………………………………… 29
3.3　順運動学 …………………………………………………………… 32
　3.3.1　回転変換行列 ……………………………………………… 32
　3.3.2　並進変換行列 ……………………………………………… 38
　3.3.3　同次変換行列 ……………………………………………… 39
3.4　逆運動学 …………………………………………………………… 49
　3.4.1　関節角度を逆算することの意味 …………………………… 49
　3.4.2　ヤコビ行列 ………………………………………………… 52
　3.4.3　逆運動学によるアーム先端の軌道制御 …………………… 55
章末問題 …………………………………………………………………… 60

第4章　ロボットアームの静力学と動力学　　　　　　　　　　　　61

4.1　直流モータ系のモデリング ……………………………………… 61
　4.1.1　直流モータの等価回路 …………………………………… 62
　4.1.2　1自由度ロボットアームのモデリング …………………… 63
　4.1.3　トルク指令型直流モータ …………………………………… 66
4.2　ロボットアームの先端に掛かる外力に対抗するトルク ………… 67
　4.2.1　1自由度の場合 …………………………………………… 67
　4.2.2　多自由度の場合 …………………………………………… 69
4.3　ラグランジュの運動方程式 ……………………………………… 72
　4.3.1　エネルギー保存系で用いられるラグランジュの運動方程式 ………… 72
　4.3.2　非保存一般化力を含むラグランジュの運動方程式 ……………… 73
4.4　ロボットアームの運動方程式 …………………………………… 74
　4.4.1　基本的な例 ………………………………………………… 75
　4.4.2　複雑な例 …………………………………………………… 78
4.5　ロボット運動の数値シミュレーション ………………………… 83
章末問題 …………………………………………………………………… 90

第5章　ロボットアームの制御　　　　　　　　　　　　　　　　92

5.1　1自由度システムの制御法 ……………………………………… 92
5.2　2自由度ロボットアームの位置制御（PD制御） ………………… 95
5.3　位置と力のハイブリッド制御 …………………………………… 100

目 次　**v**

 5.4　機械インピーダンス制御 ……………………………………………… 107

  5.4.1　インピーダンスとは ……………………………………………… 107

  5.4.2　機械インピーダンス制御を用いたときの利点 ………………… 108

  5.4.3　機械インピーダンス制御の制御則 ……………………………… 109

 章末問題 ……………………………………………………………………… 116

付録A　ロボット工学で用いる数学とシミュレーション技巧　　118

 A.1　ロボット工学で用いる基礎数学 ……………………………………… 118

  A.1.1　行列 ………………………………………………………………… 118

  A.1.2　一次変換 …………………………………………………………… 123

  A.1.3　ベクトルの外積 …………………………………………………… 125

 A.2　制御工学で用いる数学（ラプラス変換） …………………………… 125

 A.3　常微分方程式の数値計算 ……………………………………………… 126

  A.3.1　オイラー法 ………………………………………………………… 127

  A.3.2　後方オイラー法 …………………………………………………… 128

  A.3.3　ルンゲ–クッタ法 ………………………………………………… 129

  A.3.4　陰的ルンゲ–クッタ法 …………………………………………… 130

  A.3.5　各手法の比較 ……………………………………………………… 130

 A.4　C 言語と OpenGL ……………………………………………………… 133

 付録 A の練習問題 ………………………………………………………… 134

付録B　【発展】モータを回すために　　135

 B.1　小型モータ用駆動回路の設計例 ……………………………………… 135

 B.2　回路製作の注意点 ……………………………………………………… 137

章末問題の解答 ……………………………………………………………… 139

学習用参考文献 ……………………………………………………………… 147

索　引 ……………………………………………………………………………… 148

使用記号の説明

表1 本書における使用変数（スカラー）

$\dot{a}$	任意物理量 a の速度
$\ddot{a}$	任意物理量 a の加速度
$\hat{a}$	任意物理量 a の推定値
Δa	任意物理量 a の微小変化量
a_d	任意物理量 a の目標値
B	磁束密度
$C_1,\ S_1,\ C_{12},\ S_{12}$	順に，$\cos\theta_1$，$\sin\theta_1$，$\cos(\theta_1+\theta_2)$，$\sin(\theta_1+\theta_2)$ の略記
D	粘性摩擦係数
E_{rr}	誤差信号
e	モータ駆動用電圧
e_v	モータの逆起電力
$i_1,\ i_2,\ i_3$	それぞれ，モータ 1，2，3 へ供給している電流値
i_a	アクチュエータへ供給している電流（モータ電流）
$I_1,\ I_2$	それぞれ，リンク 1，2 の慣性モーメント
F_L	外力
g	重力加速度
k_t	トルク定数（モータ電流とモータトルクの関係を示す）
k_v	逆起電力定数（角速度と逆起電力の関係を示す）
$k_p,\ k_i,\ k_d$	PID 制御の比例ゲイン，積分ゲイン，微分ゲイン
L_a	モータコイルのインダクタンス
$\mathcal{L}$	ラグランジアン
$T,\ U$	それぞれ，運動エネルギー，ポテンシャルエネルギー
L_e	アーム先端駆動軸からアーム先端までの距離
$L_1,\ L_2,\ L_3$	各リンクのリンク長さ（正確には，軸間距離）
$L_x,\ L_y,\ L_z$	ある座標系の原点位置とその隣の座標系の原点位置の差，並進変換行列の各要素
$m_1,\ m_2,\ m_3$	それぞれ，リンク 1，2，3 の質量
m_L	アーム先端の物体の質量
N	空間分割数
O_0	ワールド座標系の原点
O_1	ローカル座標系（1 座標系）の原点
O_2	ローカル座標系（2 座標系）の原点
R	抵抗値

s	ラプラス演算子
T	時定数
t	時間
u	制御工学の操作量信号
V	電圧
$X_0,\ Y_0,\ Z_0$	ワールド座標系（0座標系）の X 軸, Y 軸, Z 軸
$X_1,\ Y_1,\ Z_1$	ローカル座標系（1座標系）の X 軸, Y 軸, Z 軸
$X_2,\ Y_2,\ Z_2$	ローカル座標系（2座標系）の X 軸, Y 軸, Z 軸
$x,\ y,\ z$	3次元空間内の各方向の位置
$x_d,\ y_d,\ z_d$	位置座標 $x,\ y,\ z$ に対する目標値
$x_L,\ y_L$	ロボットアーム先端の現在座標
$(x_{\mathrm{ini}}, y_{\mathrm{ini}})$	ロボットアーム先端の初期位置
$(x_{\mathrm{fin}}, y_{\mathrm{fin}})$	ロボットアーム先端の終点位置
α	アーム先端の姿勢（先端の指す方向を示す角度）
$\theta_1,\ \theta_2$	それぞれ，リンク1，2の関節角度
$\tau_1,\ \tau_2$	それぞれ，モータ1，2のトルク
τ_L	負荷トルク
ω	角速度

表2 本書における使用変数（ベクトル・行列）

$^0\boldsymbol{F}$	0座標系から見た力ベクトル
$\boldsymbol{I}$	単位行列
$\boldsymbol{J}$	ヤコビ行列（ヤコビアン）
$\boldsymbol{K}_{Fd}$	インピーダンス制御で外力の増減率を表す行列
$\boldsymbol{M}_d,\ \boldsymbol{D}_d,\ \boldsymbol{K}_d$	順に，仮想慣性，仮想粘性，仮想剛性（インピーダンス制御）
$^b_a\boldsymbol{R}$	回転変換行列（a座標系をb座標系へ変換）
$\boldsymbol{r}$	アーム先端の位置・姿勢ベクトル
$\boldsymbol{r}_d$	アーム先端の目標位置・姿勢ベクトル
$^b_a\boldsymbol{T}$	同次変換行列（a座標系をb座標系へ変換）

第1章 ロボットとは

　鉄腕アトムやドラえもんなどの架空のロボットは，自ら思考し，仕事や移動をすることができる．ロボットを人と比較してみると，思考をする頭脳にあたるのがコンピュータであり，仕事や移動をする手足にあたるのがマニピュレータというものである．そして，マニピュレータには，それを動かすためのアクチュエータという機械が組み込まれている．自律ロボット，遠隔操縦式ロボット，ヒューマノイド，生物模倣ロボットなどさまざまな形態のロボットがあるが，ほぼすべてのロボットに，コンピュータとアクチュエータが用いられている．たとえば，ロボットアームは，ある場所で何らかの物体をつかんで，それを別の場所に移すなどの仕事を行う産業用ロボットであるが，それ自体がマニピュレータの一種でもある．

　このように多種多様なロボットの中で，特にロボットアームはもっとも多く製造されてきたロボットであるとともに基礎をなすロボットであるため，本章では，ロボットアームの概要について説明し，それを通してロボットとはどのような機械なのかを概観する．

1.1　コンピュータ・アクチュエータと産業用ロボット

　上述のとおり，ほぼすべてのロボットにはコンピュータとアクチュエータが用いられている．

　コンピュータはロボットの頭脳にあたるものである．歯車式計算機など広い意味でのコンピュータは以前から作られていたが，プログラミング可能な実用的コンピュータは，1946年，ペンシルベニア大学のジョン・ウィリアム・モークリー（John William Mauchly）とジョン・プレスパー・エッカート（John Presper Eckert）らによって考案・設計された．そして，当時ロスアラモス国立研究所にいたジョン・フォン・ノイマン（John von Neumann）が提唱するプログラム内蔵方式により，ノイマン型とよばれるコンピュータが誕生した．これは後々，ロボットの頭脳となる代表的演算装置の一つとして発展する．

　アクチュエータ（actuator）とは，電気や圧力などのエネルギーを使い，ロボットアームの回転角の制御や伸縮の制御ができる機械のことである．アクチュエータの代表格である**モータ**（motor）は，1821年にマイケル・ファラデイ（Michael Faraday）によって発明され，その後，多くの発明者，研究者らによって改良された．また，制

御工学の発展とともにトルク制御や位置制御，速度制御が可能な**サーボモータ**（servo motor）が現れ，ロボット用アクチュエータとして，モータは重要な役割を担ってきた．なお，トルク制御や位置制御，速度制御を行うモータ駆動装置のことを**モータドライバ**（motor driver）という．

コンピュータとアクチュエータが登場した後，産業用としてのロボット技術は大きく発展した．1962 年に世界で初めて登場した**産業用ロボット**（industrial robot）は，ジョージ・デボル（G.C. Devol）らが創立したユニメーション（Unimation）社の**ユニメート**（UNIMATE）[1.1] である．図 1.1 に，Unimation 社と技術提携契約を締結のうえ，国内で開発された初の国産産業用ロボットの写真を示す．現在では，さまざまな国で十万台を超す産業用ロボットが製造・販売されている．

図 1.1 国産産業用ロボット・川崎ユニメート
　　　　［川崎重工業株式会社提供］

通常，労働安全の観点から，産業用ロボットのほとんどは床面や壁，天井など建物の一部に固定されていて，柵で囲われ，作動中，人とは隔離されており，**ロボットオペレータ**（robot operator）が命じるとおりに忠実に生産活動を行う．そのロボットのアーム先端には，生産活動に不可欠な**エンドエフェクタ**（end effector）[1.2] が取り付けられている．エンドエフェクタとは人の手先の部分に相当し，さまざまな種類が存在する．たとえば，**グリッパー**（gripper）[†]や**溶接**装置（welding equipment），**塗装**用スプレー（spray for painting）などがある．

1.2 ロボットアームの構造

ユニメートの商品化以降，産業用ロボットとしてもっとも活躍しているのは**ロボットアーム**（robot arm）である．本節では，このロボットアームの概要について説明

[†] グリッパーは，**ワーク**（workpiece．ベルトコンベアで運ばれてくる工業製品や部品のこと）を定められた場所に順序よく積み上げる**パレタイジング**（palletizing）や，蓋の開閉，部品の組み立てなどに用いられる．

する.

　図1.2(a)にロボットアームの一例を示す.個々の機能を説明するため関節箇所で切り離した図が,同図(b)である.このロボットでは,A～Eの5個のモータが用いられている.なお,床や壁へロボットを締結する部分を**土台**（robot base）とよぶ.また,関節と関節をつなぐ剛体のことを**リンク**（link）という.図1.2において,ロボットの床締結部である土台にはモータAが取り付けられており,リンクAを回転させることができる.モータBはリンクBを回転させ,その他のモータにも回転させるべきリンクが存在する.

　また,図1.2のロボットアームは,図1.3のように模式図で描き表すことができる.

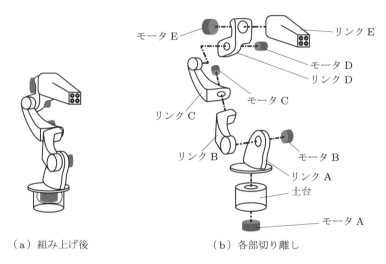

図1.2 ロボットアーム

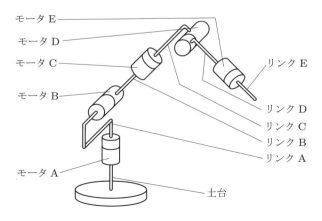

図1.3 ロボットアームの模式図

この図からは腕らしさがあまり感じられないが，ロボットアームは人の腕の各関節を模して作られている．もし，図 1.3 を見てイメージがわきにくいときは，図 1.3 全体を 90°時計回りに回転させてほしい．そして，ロボットアームに肩関節（モータ B のあたり）と肘関節（モータ D のあたり）があることに気づいてほしい．

　より詳細に，ロボットアームと人体や生物との関連性について見ていこう．まず，人の肩関節について見てみると，図 1.4 のように肩甲骨と上腕骨があり，それらをつなぐ球関節のまわりには，上腕骨を動かすための筋肉がある．そして，図 1.5 に示すように，外転/内転，屈曲/伸展，水平屈曲/水平伸展，外旋/内旋の四つの動きができる[1.3]．

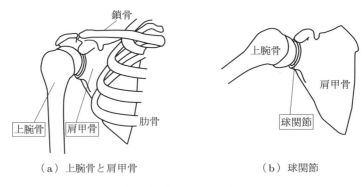

(a) 上腕骨と肩甲骨　　　　　　　　(b) 球関節

図 1.4　人の肩関節の構造

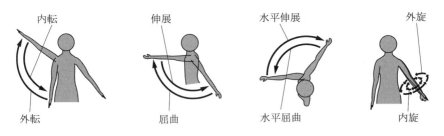

図 1.5　肩関節の動作

　図 1.5 の肩関節の動きを実現できる機械を設計製作する場合，モータの必要最小個数は 3 である．たとえば，図 1.3 のモータ A は屈曲/伸展，モータ B は外転/内転，モータ C は外旋/内旋に直接対応する．また，水平屈曲/水平伸展は，モータ A で腕を前へならえの状態に屈曲した後，モータ B で外転したときと同じ動きである．

　次に，肘関節について確認しておこう．肘関節の動きは図 1.6 の屈曲/伸展と回外/回内である．つまり，ロボットアームの肘関節に必要なモータ数は 2 個であり，図 1.3 のモータ D とモータ E と同様，肘関節と肘と手首の間にモータをそれぞれ一つずつ配

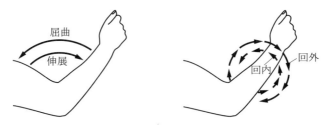

図 1.6 肘関節の動作

置すればよい．

　結果，人の肩と肘を模擬したロボットアームのために，モータは 5 個あればよいとわかる．加えて，手首の関節もあるロボットでは，さらにモータを肘関節と同様に 2 個追加して合計 7 個となる．図 1.3 のロボットを 5 自由度ロボットアーム，手首関節まで含めたロボットを 7 自由度ロボットアームという．なお，自由度について，ここでは単純にモータ数に等しいと考えてよいが，詳細については第 3 章で学んでほしい．

1.3　ロボットアームの制御系

　本書で扱うのは自動ロボットであり，そのロボットの自動化において，制御工学は大変重要な役割を担うので，しっかりと勉強しておきたい．手始めに，本節では，ロボットアームの制御系について概観する．なお，制御工学という学問の中で，本書を学ぶうえで特に知っておくべき事項のみを 2.3 節に示しているので，まだ制御工学を履修していない読者は，そこで詳細を学んでほしい．

　ロボットアームの制御の目的は，ロボットアームの先端（エンドエフェクタ）を希望どおりに移動させることである．そして，その移動のため，ロボットの各関節に取り付けられたモータの駆動を司るのが，前述のコンピュータである．

　人の場合は，手先の動かし方を大脳が決定するが，ロボットの場合は，**統合制御装置**（integrated controller device）とよばれるコンピュータを含む電子回路がその役目を担う．統合制御装置は，ほとんどの場合，制御用ソフトウェアを開発しやすい汎用のプロセッサ（マイコン）を指すが，ハードウェアで制御する **ASIC**（application specific integrated circuit，特定用途向けの集積回路）や，**FPGA**（field-programmable gate array，プログラミング可能な集積回路）が用いられることも多い [1.4–1.6]．

　統合制御装置とモータの間にあるモータドライバは，統合制御装置から送られてくる目標角度または目標トルクの目標値信号にもとづいてモータをフィードバック制御する．なお，**フィードバック制御**（feedback control）とは，制御対象の出力信号（制

御量）を制御器（コンピュータやモータドライバ）へ戻して，目標値と出力値を一致させる制御法である．

ロボットアームについて，具体的に見ていこう．図1.7のように，やかんで湯を沸かして，その熱湯の入ったやかんを人に代わってロボットが持ち上げて，別の所定位置におく場合を考える．まずは，やかんが目標温度に達しているかを知るために，熱電対（温度測定用センサ）などで温度を計測することになるだろう．そして，やかんの中の湯が熱いと判断されれば，統合制御装置から移動の命令がロボットアームに入る．

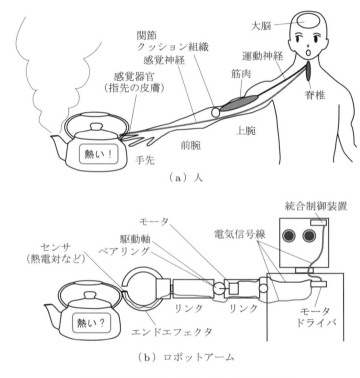

図1.7 人とロボットアームの制御系の比較

やかんで湯を沸かす位置と，熱湯入りやかんをおきたい位置は，既知である．したがって，熱湯の入ったやかんを持ち上げるために，やかんの取っ手をエンドエフェクタで，沸かした位置座標でつかめばよい．しかし，その位置座標がすでにわかっていても，ロボットの肩や肘の個々の**関節角度**（joint angle）をどうすべきかはすぐにはわからない．そもそも，ロボットに取り付けられた個々のモータ角度を何度に設定すればよいのかが直感的にすぐわかるものではない．このモータ角度は，第3章で**運動学**（kinematics）を学べば簡単に知ることができる．それがわかれば，後は実際にそ

の角度になるようにモータドライバが角度制御をすればよい.

　やかんがつかめるように制御系を構築できたら，今度はやかんを持ち上げて移動させなければならない. そのとき，このロボットにおける各モータトルク（モータがリンクを回転させる力）が，やかんを持ち上げるのに十分かどうか，また，やかんをおくべきところまで熱湯をこぼさずに移動できるか等の心配が残るため，すぐに実機で試運転すべきではない. 実機で試す前に，第4章で学ぶ**静力学**（statics）でモータトルクの不足がないことを明確にし，さらに**動力学**（dynamics）でロボットアームに関する**運動方程式**（equations of motion）を導いて，その数値シミュレーション上で，動作確認をしておかなければならない. その過程で，モータトルクが最大となる状態や，設計した制御系の安全性や有用性が確認できていれば，ロボットの構成について実際に提案することができる. つまり，第4章の静力学と動力学を学んでおけば，既存ロボットのモータトルク不足を事前予測して，やかんの熱湯が多すぎるとの指摘や制御系設計の不備の指摘，新ロボットの設計時のよい提案をすることが可能になる.

　この節では，やかんの把持と移動を例に述べたが，用途に応じてさまざまな制御方法があるので，特に主要な制御法については，第5章で学んでほしい.

☑[この章のポイント]

　ロボットとは，コンピュータによって制御された複数のリンクと関節によって構成される生物模倣の機械である. また，ロボット工学とは，生物模倣機械であるロボットを対象として，運動学（第3章），動力学（第4章），制御方法（第5章）を総括した学問である. 本書ではそれらについて順に解説する.

第2章 ロボットアームを構成する要素

　本章では，ロボットアームを構成する要素について学ぶ．ロボットアームは，リンクやエンドエフェクタなどの機械的要素に加えて，ロボットアームの先端を移動させるためのモータ，現在の状態を把握するために必要なセンサ，動きを操るコントローラによって構成されている．これらモータとセンサ，コントローラは，ロボット工学において，きわめて重要な要素である．特に，ロボットアーム用アクチュエータとして，モータのしくみを理解し活用できるようになることは，非常に大切である．

この章の目標

- モータのしくみとその駆動方法を十分理解する．
- センサの概要，制御の基礎を理解する．
  （→いずれも，第4章で学ぶモータに関するモデリング等でも重要）

2.1　アクチュエータ

　アクチュエータ（actuator）とは，電気的・圧力的・化学的な入力エネルギーを，機械的な並進または回転運動に変換する機械要素であり，ロボット工学においては，ほとんどの場合，モータを指す．ロボットの各リンクがモータで動作し，モータの駆動前と駆動後で，ロボットの位置や姿勢が明らかに異なっている場合は，そのモータはアクチュエータとして機能している．また，直流サーボモータ，交流サーボモータなど，「モータ」の前に「サーボ」という言葉が付く場合があり，その場合もモータはアクチュエータとして機能している．ここで，**サーボ**（servo）とは，目標値に追従する機構または制御のことをいい，ロボットやファクトリーオートメーション（FA）の分野では欠かせない技術となっている．

　モータには多くの種類があり，中でも，直流モータ，誘導電動機，ブラシレス DC モータが産業用モータとして多く用いられている．また，超高速鉄道へ実用化されたリニアモータや精密制御に役立つステッピングモータなど，用途に合わせてさまざまなモータがある．

　それでは，アクチュエータとしてよく用いられる各モータをみてみよう．

● 2.1.1 直流モータ
(1) 直流モータのしくみ

直流モータ（DC モータ：direct current motor）[2.1] は，大まかに，永久磁石で磁界を作る方式，永久磁石ではなく電磁石で磁界を作る方式に分かれる．特に，ロボットのようにリンクの質量や慣性モーメントを極力小さくしつつ，軸トルクを極力大きくしたい場合は，強力な永久磁石式直流モータが望ましい．また，永久磁石式モータは，理論的に電流値とトルク値が比例関係にあるので制御しやすい．

永久磁石式直流モータのしくみについて図 2.1 に示す．電池から流れる電流と，永久磁石が作り出す磁界によって，フレミングの左手の法則（中指・人差し指・親指の順に電・磁・力で覚えよう）にもとづいて，ロータ（回転子：rotor）内部の導線の各部に力が発生する．そして，その力と半径の積の総和がトルクとなって，ロータ軸を回転させる．

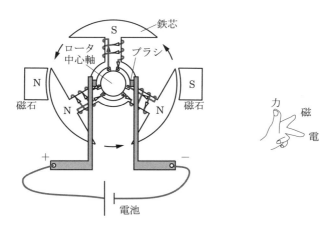

図 2.1　永久磁石式直流モータ

直流モータでは通常，ロータ側に電気を送るために**ブラシ**（brush）を必要とする．しかし，このブラシは，故障率アップや効率ダウンなど多くのデメリットがある．

なお，小型直流モータの回転数は毎分数万回転もあるため，そのまま使用するのではなく，減速機構で回転数を下げるとともに出力トルクを増大させて使用することがほとんどである．たとえば，複数の平行軸を使って減速する平歯車，同軸で減速する遊星歯車やハーモニックドライブ，入力軸と出力軸が直交するウォームギアなどの減速機構があげられる．

(2) 直流モータの駆動方法

直流モータを正逆転可能に回転駆動させるためには，**トランジスタ**（transistor）というスイッチング素子（図 2.2）を四つ用いて **H ブリッジ回路**（H-bridge circuit）を

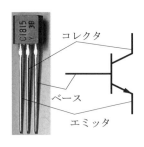

図 2.2　トランジスタの一例

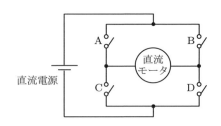

図 2.3　H ブリッジ回路

構成する．ここでは，トランジスタを，「ベースに流れる電流で切り替え可能なスイッチ」程度にとらえてほしい．そして，スイッチとしてとらえた場合，H ブリッジ回路は図 2.3 で表現され，スイッチ A とスイッチ D が ON のときと，スイッチ B とスイッチ C が ON のときで直流モータに流れる電流の向きが逆になるため，回転方向が反転することがわかる．

なお，H ブリッジ回路では，スイッチ A とスイッチ C（または B と D）を同時に ON にする行為を絶対にやってはいけない．なぜなら，大電流が流れる短絡（ショート）という現象が発生し，電気回路と電源が故障してしまうからである．実際にロボットを作ってモータ駆動をするときには，注意してほしい．

直流モータの回転速度を変えたいときは，スイッチ C または D の ON/OFF を高速に切り替える．直流モータの回転数はモータへの印加電圧に依存するので，たとえば，高速で回したければ ON の時間を OFF の時間に比べて長く，低速で回したければ OFF の時間を ON の時間に比べて長くして平均電圧を調整すればよい．この方法はモータの速度制御用としてもっともよく用いられる（**PWM 制御**ともいう．p.23 も参照）．

より具体的なモータの駆動方法に興味がある人は，付録 B を参照してほしい．

> ここで解説した直流モータのしくみと駆動方法は，4.1 節の「直流モータ系のモデリング」における基礎になるため，しっかりと覚えておこう．

● 2.1.2　ブラシレス DC モータ

直流モータはロータとステータ（電磁石）の間にブラシがあるため，故障しやすい．また，エネルギー効率も悪い．それに対して，**ブラシレス DC モータ**（brushless DC motor）[2.2] は，図 2.4 に示すようにロータ側に永久磁石を配置しており，回転側に電線がないため，ブラシを必要としない．したがって，ブラシレス DC モータは高効率

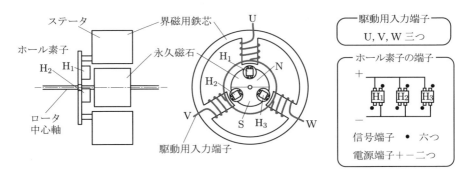

図 2.4 ブラシレス DC モータ

であり，省エネに適したモータとして注目されている．また，壊れにくいという利点もある．しかし，駆動制御が難しいため，モータドライバの製造コストが高くなる欠点もある．また，図 2.4 に示すように，ロータの磁石の向きをとらえるために，ホール素子などの磁気センサで磁石の回転を計測する必要があり，モータの配線数が多いという問題点がある．

現在はアクチュエータとして使用されることは少ないが，今後は故障率と消費電力の低さを理由に，ロボット用アクチュエータとして，直流モータからブラシレス DC モータへ置き換わる可能性がある．

2.2 センサ

ロボットには，アクチュエータ以外に**センサ**（sensor）も数多く取り付けられている．センサはロボットの現在の状態を知るために必須のものである．たとえば，ロボットアームの先端位置をある目標位置へ移動させたい場合は，角度や角速度をポテンショメータやロータリーエンコーダ，ジャイロセンサによって計測して，ロボットの現状を把握しつつ，直流モータで的確に各リンクを動かして，アーム先端位置をコントロールする．窓ふきロボットのようにアーム先端が外部環境と接触している場合は，アーム先端に力覚センサを取り付けて，外界の接触物体に対する押し付け力を計測のうえ，アーム先端位置をコントロールする必要がある．また，モータをトルク制御するときは，トルクセンサの代替として，電流センサを用いて電流値を計測する．

そのほかにも，CMOS カメラやマイクロホン，GPS，超音波センサなど，さまざまな種類の有用なセンサがあるが，ロボットアームをコントロールするために必須ではないため，本書では割愛する．

では，角度，角速度，力，トルク，電流を計測するセンサを見ていこう．

●2.2.1 ポテンショメータ

ポテンショメータ（potentiometer）は，回転角度に対応する電圧を出力する角度センサである．図2.5に外観と内部構造を示す．センサ内部には抵抗体があり，その抵抗による分圧回路になっており，端子A，B，Cをもつ．

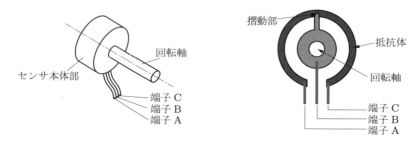

図2.5 ポテンショメータの外観と内部構造

摺動部と端子Bが電気的につながっているので，端子AB間抵抗値と端子BC間抵抗値が，回転軸の角度によって変化する．たとえば，図2.6のように，端子Aに電源の5Vを接続し，端子Cに電源の0V（グラウンド，GND）を接続して，摺動部が端子Aの位置にあれば，端子Bの電圧は5Vとなる（同図(a)）．そして，回転軸が時計回りに徐々に回転するにつれて，端子Bの出力電圧は低下し，図2.6(b)のように，摺動部がちょうど真上を指しているとき，電圧も中間値である2.5Vになる．また，端子Cの位置まで摺動部が回転すれば，出力される電圧は0Vになる（同図(c)）．

使用するポテンショメータを選ぶとき，抵抗体の抵抗値が，BC間に接続する電圧計の内部抵抗の値に比べて十分小さいことを確認しておくことが望ましい．なぜなら，電圧計側へ電流が逃げてしまうと，ポテンショメータの出力値が本当の値より小さく

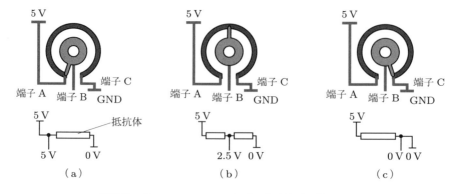

図2.6 ポテンショメータにおける角度と電圧値の関係

なるからである．また，電気信号を扱うとき，近くに電磁波を発生するものがあると，ノイズが加わって測定しにくくなる場合がある．

なお，ポテンショメータは安価で使いやすいが，摺動部があるため，直流モータのブラシと同様，寿命が短いことを意識して使用する必要がある．また，摺動部と抵抗体の間で発生する摩擦力が，モータにとって余計な負荷になる．

● 2.2.2　ロータリーエンコーダ

ロータリーエンコーダ（rotary encoder）は，軸の回転とともにパルス信号を出力するセンサであり，そのパルスをカウントすることで角度や角速度を計測することができる．そして，ポテンショメータと異なり非接触センサであるため，長寿命であるという利点がある．

ロータリーエンコーダについて図 2.7 に示す．多数のスリット孔がある回転盤を回転軸に取り付けて，発光ダイオードとフォトトランジスタからなる計測部をセンサ本体部（回転しない部分）に取り付ける．そして，回転盤の回転により，スリットを通過する発光ダイオードの光が断続的にフォトトランジスタに届くので，フォトトランジスタから出力される電圧信号が Low（0 V）と High（5 V）を繰り返す．この電圧信号の変化を数えることで，回転軸の回転数，つまり，角速度を計測することができる．

発光ダイオードとフォトトランジスタは 3 個ずつ配置されており，それぞれを A 相，B 相，Z 相とする．図 2.7 の例では，スリットが 36 個あるので，A 相と B 相では，1 回転の間に 36 個のパルスが発生する．また，Z 相ではスリットが一つしかないので 1 回転で 1 パルスだけしか発生しないが，この 1 パルスが回転盤の原点位置を知らせてくれる．また，回転盤の右下にも固定スリットがある．回転盤だけでは，光が漏れて明暗がはっきりしないが，固定スリットと併用することで，光の通過の有無が明確化

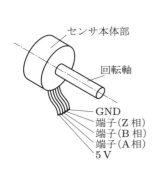 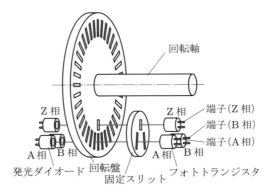

図 2.7　ロータリーエンコーダの外観と内部構造

される.

　スリット数が36だからといって，1回転を36分割して計測しているわけではない．その場合，10°が最小測定可能角度となるが，**4逓倍**（quad edge evaluation）とよばれる方法では，2.5°まで精度が上がる．4逓倍では，図2.8のようにA相の固定スリットとB相の固定スリットでは，90°の位相差があるようになっているので，A相のパルスがHighになってLowに戻るまでのちょうど中間の時刻にB相のパルスがHighになる．したがって，スリット数が36の場合，A相パルスの立ち上がり，立ち下がり，B相パルスの立ち上がり，立ち下がりのすべてをカウントすることで，1回転を4倍の36×4 = 144分割にできる．つまり，最小測定可能角度を2.5°にできる．

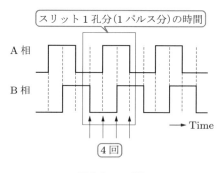

図2.8　4逓倍

● 2.2.3　ジャイロセンサ

　リンクの関節軸回りの角速度を計測したいとき，**ジャイロセンサ**（gyro sensor）が役に立つ．図2.9に静電容量式ジャイロセンサの測定原理を示す．ジャイロセンサは，X軸方向にセンサ内の検出素子部を振動させて，その状態で回転が加わったときに発生

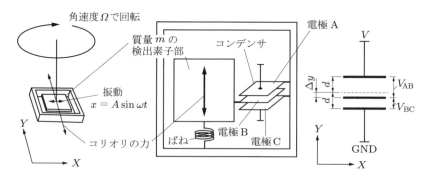

図2.9　静電容量式ジャイロセンサにおける角速度の測定原理

する Y 軸方向の**コリオリ力**（Coriolis force）を利用して角速度を検出できる．コリオリ力は，図2.9中央のばねを変形させるので，図右側のコンデンサの電極Bを動かす．その端子間電圧 V_{AB} と V_{BC} から，角速度が測定できる．

ジャイロセンサを用いるときは，**ドリフト現象**に注意する必要がある．ドリフト現象とは，角速度が0の状態でも，時間の経過とともに数値が漂流する（drift）ように変動することをいい，正規信号とドリフト信号を分離，除去する対応が必要である．

● 2.2.4　力覚・圧覚センサ

ロボットアーム先端のエンドエフェクタがワークを把持するとき，ワークを握りつぶしてしまうかもしれない．特に，食品など柔らかい製品をつかむのは難しい．また，たとえば，窓ふきをロボットにさせたい場合，窓ガラスを押す力が弱すぎると窓の汚れがとれず，強すぎると窓ガラスを割ってしまう．しかし，エンドエフェクタに**力覚センサ**（force sensor）を取り付けておくと，力のフィードバック制御が可能となるため，食品を把持するとき握りつぶすことはなくなり，窓を清掃するときも，適切な力で窓ガラスを押すことが可能となる．

力覚センサの一つとして，次に示す**ロードセル**（load cell）がある．力で変形する弾性体に**ひずみゲージ**（strain gauge）を数枚貼って，**ホイートストンブリッジ回路**（Wheatstone bridge circuit）を構成すると，ひずみに比例した出力電圧が得られる．たとえば，図2.10にひずみゲージを1枚だけ用いたときの例を示す．この図の場合，右に示すホイートストンブリッジの左上の抵抗がひずみゲージとなっている．

ホイートストンブリッジの左上以外に，おもりがないときのひずみゲージの抵抗値 R と同じ抵抗器を3個配置する．そして，おもりによって，ひずみゲージが貼られた部材が変形すれば，ひずみゲージの抵抗値が ΔR 増える．この ΔR がわかれば力の大きさもわかる．ここで，ブリッジ電圧 E に対する出力電圧 V は

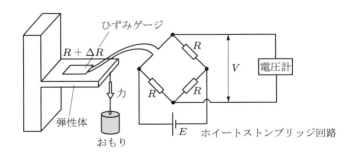

図2.10　ひずみゲージ式ロードセルによる力の測定原理

のように得られる．なお，$R \gg \Delta R$ として近似することが多い．つまり，ΔR は次のように得られる．

$$\Delta R = \frac{4V}{E} R \tag{2.2}$$

ただし，電圧信号 V は微弱信号であるため，ノイズの影響を受けやすい．そのため，二つのデータ電圧とグラウンド（0 V）のペアにおけるデータ電圧の電位差にもとづいて信号値を定める差動伝送方式を採用するとともに，ホイートストンブリッジ回路からできるだけ近いところに電圧計をおくべきである．そうすることで，外部からのノイズの影響を少なくすることができる．また，ノイズが高周波であることを利用して，低周波信号のみを通過させるローパスフィルタを利用するのも効果的である．

歩行ロボットにおける足裏の圧力を計測したり，ロボットアームの把持部においてワークをつかんでいる圧力が高い箇所を明確にしたりするには，**圧覚センサ**（contact force sensor）を用いる．その例として，感圧導電性エラストマーとよばれる，絶縁体と導電体を一定の割合で混ぜ固めた柔軟素材で作られたセンサがある．このセンサでは，絶縁性の強いゴムの中に導電性粒子が混ざっているので，外部から力が加わったとき，柔軟素材自体の電気抵抗値が変化して，外部からの圧力を計測できる．

●2.2.5 モータトルクの取得方法

ロボットアームを制御するためには，モータトルクの値をフィードバックする必要がある．トルクは**トルクセンサ**で計測できるが，その測定原理は前項の力覚センサと同じである．しかし，トルクセンサは高価であり，軸に精度よく取り付けてトルクを直接計測することは実際にはきわめて難しい．幸いにも，モータトルクは，永久磁石式直流モータであれば，電流とトルクが比例する．したがって，トルクセンサを用いる代わりに電流値をフィードバック信号として用いることが一般的である．ここでは，(1) と (2) の電流計測法を紹介する．

(1) 分流器による電流測定

たとえば，直流モータが小型で電流値が小さい場合は，電流を測定したい箇所に抵抗値 R のきわめて小さい分流器（シャント抵抗器ともいう）を挿入して，その分流器の両端の電位差 V を測定すれば，オームの法則により，電流値は V/R で求められる．つまり，回路内に分流器を入れるだけで，モータトルクが推定可能となるが，注意すべき点もある．まず，モータ内部の電気抵抗は 1 Ω 程度と非常に小さいため，分流器の

抵抗値が大きすぎると，モータの性能に影響を及ぼし，分流器の抵抗値が小さすぎると分流器が熱で故障する．そのため，分流器が発生するジュール熱を計算して，その熱に分流器が耐えられるなるべく小さい抵抗値の分流器を選ぶ必要がある．また，この方法では直流電流しか測定することができない．

(2) ホール素子を利用した電流測定

非接触電流検出センサ（図 2.11）を利用する方法である．このセンサには穴が開いており，その穴に電線を通すと，その電線に流れる電流が検出されて，オシロスコープなど各種計測器で測定しやすい電圧に変換される．その仕組みは以下のとおりである．電線に電流が流れると，電線を中心に同心円状の磁束が発生するので，その磁束密度を測定することで電流を測定できる．センサの穴の周囲には発生する磁束に沿うように金属リングが配置されており，その一部に隙間があって C の字状になっている．その隙間にホール素子を配置して，穴を貫いた電線内の電流に比例した電圧を検出するのである．また，このセンサは，回路の途中に抵抗器を介しないため，電力損失が小さく，大電流まで測定することができる．なお，ホール素子を利用した測定では，直流，交流のどちらの電流でも計測できる．

図 2.11 電流検出センサの例（オムロンの電流検出器 E54-CT1）
［オムロン株式会社提供］

2.3 コントローラ

ロボットアームを適切に動作させる，すなわち，与えられたタスクに対して，ロボットアームの各箇所に取り付けられた複数のモータを適切に制御するためには，各種センサで計測した信号をフィードバックして，操作量となる信号を作り出す**コントローラ**（制御装置，controller）が必要である．この節では，第 3 章の逆運動学によるモータ角度の算出，第 4 章のモータシステムやモデリング，第 5 章のロボットアームの制御について理解を深めるために，制御の基礎[2.3]について学ぶ．

● 2.3.1 制御の概念

制御には，以下の2種類がある．

- **シーケンス制御**：入力があると所定どおりの命令に従って順次実行される制御．たとえば，電気回路でスイッチを押すと電球がつくといった制御．
- **フィードバック制御**：制御量を検出部で計測し，再度入力に戻してコントローラ部で処理する制御．たとえば，現在のモータ角度をセンサで計測してモータの目標角度（目標値）に合うようにコントローラ部で処理するといった制御．

特に後者のフィードバック制御については，制御工学という学問分野として，大学や高専で基礎から学ぶことが多い．しかし，本書の内容を理解するには，ここで説明する (1) 伝達関数, (2) ブロック線図, (3) ブロック結合のルールを知っていれば十分である．また，本項の最後に (4) フィードバック制御全体の概念について記す．

(1) 伝達関数

制御される側の系のことを制御対象とよぶ．制御対象やさまざまな要素を表現できる関数として，**伝達関数**（transfer function）がある．この伝達関数 $G(s)$ を用いれば，入力 $u(s)$ に対して出力 $y(s)$ が，$y(s) = G(s)u(s)$ で表現できる．ここで，s はラプラス演算子であり，ラプラス変換に関する数学の基本知識が必要になる．

たとえば，次の微分方程式で表されるシステムがあったとする．

$$\dot{y}(t) = -ay(t) + u(t) \tag{2.3}$$

$\dot{y}(t)$ は，$y(t)$ を時間で1階微分したものである．a を定数，$u(t)$ を図 2.12 に示す $t < 0$ で 0，$t \geq 0$ で u_0（u_0 は一定）のステップ信号として，また，$y(t)$ の初期値 $y(t)|_{t=0}$ を 0 として解けば，

$$y(t) = \left(-\frac{1}{a}e^{-at} + \frac{1}{a}\right)u_0 \tag{2.4}$$

が得られる．ラプラス変換による解き方の詳細については，付録 A.2 節の例題 A.1 を

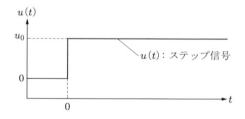

図 2.12　ステップ信号

参考にしてほしい．

なお，式(2.3)の微分方程式を，y と u の初期値を 0 としてラプラス変換すれば

$$y(s) = \frac{1}{s+a} u(s) \tag{2.5}$$

で表現されるので，式(2.3)のシステムを代表する伝達関数 $G(s)$ は，$1/(s+a)$ である．

伝達関数の基本要素として，図 2.13 に示すようにさまざまなものがある．たとえば，式(2.5) の伝達関数 $1/(s+a)$ は，図 2.13(d) の一次遅れ要素に該当する．また，同図 (e) の二次遅れ要素は，振動工学のマス・ばね・ダンパー系において，外力 $u(t)$ が加わったときの質点の変位 $y(t)$ の運動を表現する重要な要素の一つである[†]．

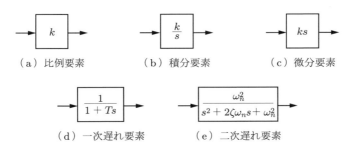

図 2.13　伝達関数の基本要素

(2) ブロック線図

図 2.14 のように，信号を矢印線で，さまざまな要素をブロックで示して，各信号の道筋を示した図を**ブロック線図**（block diagram）という．

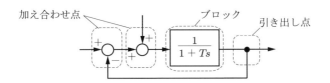

図 2.14　ブロック線図内の各部名称

ブロック線図では，基本的に左側から入力信号が入り右側へ出力信号が出ていく．そして，ブロックの中には，(1) で説明した伝達関数を記す．また，加算や減算を行う場合は加え合わせ点（summing point）を用い，線で示されている信号の値を引き出して他の場所で用いたい場合は引き出し点（take off point）を用いる．

[†] たとえば，階段状の信号が図 (d) や (e) の各要素の左側から入ってきたとき，右側からは階段の角が削れたような時間波形が出力される．これは，各要素を通過するときに時間遅れが生じているためである（特に，高周波成分が大きく遅れる⇒角が削れる）．

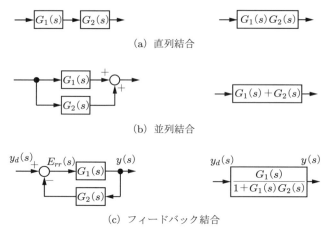

図 2.15　ブロックの結合

(3) ブロック結合のルール

ブロック線図のブロックどうしには基本結合則があり，そのおもな結合が，図 2.15 に示す (a) 直列結合，(b) 並列結合，(c) フィードバック結合である．

直列結合（cascade connection）では，隣り合うブロック内の伝達関数 $G_1(s)$ と $G_2(s)$ を合成して，$G_1(s)G_2(s)$ にできる．また，並列結合（parallel connection）では，加え合わせ点を用いて，$G_1(s)$ に $G_2(s)$ を加える．つまり，$G_1(s) + G_2(s)$ にできる．なお，$G_1(s) - G_2(s)$ のように減算の形にしたいときは，加え合わせ点の下側の符号をマイナスにすればよい．理解しにくいのは (c) のフィードバック結合（feedback connection）である．図 2.15(c) に示すように，その伝達関数は次式で表現される．

$$G(s) = \frac{G_1(s)}{1 + G_1(s)G_2(s)} \tag{2.6}$$

(4) フィードバック制御の概念

コントローラの主たる役目は，検出部（センサ）で現状を正しくとらえたうえで，操作量である $u(s)$ を的確に対象系に送り出すことである．そして，目標値 $y_d(s)$ と制御量 $y(s)$ が誤差なく合致したとき，フィードバック制御の目的は達成できたといえる．

図 2.16 に示すように，フィードバック制御システムの構造は，ロボットアームなどの**制御される側（制御対象）**と，制御部や検出部を含む**制御する側（コントローラ部）**に大きく分かれ，制御工学ではそれらを個々に学ぶ必要がある．

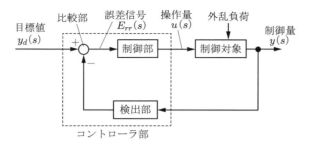

図 2.16 フィードバック制御の構造

● **2.3.2 制御される側（制御対象）**

コントローラによって制御される側は**制御対象**（controlled object）とよばれ，ロボット工学における制御対象は，もちろんロボットを指す．フィードバック制御を行うには，まず，制御対象の入力信号と出力信号を明確にして，任意の入力に対する出力の時間変化を表現する運動方程式（常微分方程式）を立てる．次に，常微分方程式が線形であるなら，ラプラス演算子を用いて，$G(s)$ で表現される伝達関数を求める．なお，得られる伝達関数は，図 2.13 の各要素の組み合わせで求められることが多い．最後に，得られた伝達関数を用いて，制御する側の設計を行う．

モータが一つのシステムであれば，その運動方程式は線形であるため，線形近似などの面倒な処理をしなくても伝達関数を求めることができる（詳細は 4.1 節で学ぶ）．したがって，制御系設計も得られた伝達関数にもとづいて容易に取り組むことができる（詳細は 5.1 節で学ぶ）．

しかし，複数のモータによって構成されるロボットアームの運動方程式のほとんどは，非線形常微分方程式であるため，制御対象の伝達関数を導くことが容易ではない．したがって，運動方程式を導いて，その運動方程式を用いて数値計算でシミュレーションを行い，少なくとも実機を用いないで制御系設計ができるように準備しておくことが安全面からも重要である（4.5 節で学ぶ）．

● **2.3.3 制御する側（コントローラ部）**

まず，コントローラを設計する場合，古典制御理論や現在制御理論にもとづく方法のほか，適応制御や最適制御，学習制御，非線形制御など多くの選択肢がある．その中でも，ロボットを制御対象として昔から用いられてきた方法が，古典制御理論の中で体系化された **PID 制御**[2.4] である．ここで，PID は Proportional, Integral, Differential の略であり，目標値とセンサ計測値の差の比例値・積分値・微分値を用いる実用的制御手法である．また，PID 制御には，図 2.17 のように，P・I・D の組み合わせによっ

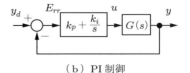

図 2.17　PID 制御の形態

て，P 制御（比例制御）をはじめ，PI 制御や PD 制御などさまざまな形態が存在する．特に，図 2.17(d) の PID 制御が素早く目標値に追従する点でもっとも優れているが，比例ゲイン (k_p)，積分ゲイン (k_i)，微分ゲイン (k_d) とよばれる変数値を経験則や試行錯誤で適切に調整しなければならないため，労力が掛かる．一方，決める変数が一つで済む P 制御では，制御量 y が目標値 y_d に一致しないので実用面で用いられることはない．PI 制御や PD 制御の運用方法については，第 5 章でくわしく説明する．

● **2.3.4　アナログ制御とディジタル制御**

前項の PID 制御が登場した当時，機械を制御する場合にはアナログの電子回路が用いられてきた．ここで，アナログ回路とは，抵抗やコンデンサなどによって構成される回路のことである．アナログ回路を用いて制御系が組まれている場合は，**アナログ制御**とよぶ．

しかし，最近の制御では汎用のプロセッサ（マイコン）や FPGA が用いられている．これらの集積回路には，数 GHz から数 MHz の動作周波数が定められている．なぜなら，時間を離散的に刻み，その微小時間 Δt ごとに一つひとつの命令を実行していく形式をとっているためである．なお，Δt のことをサンプリング周期という†．図 2.18 の左の図に示すとおり，現実世界における物理量というのは連続的で時間的な区切りがない．そのような現実世界の物理量（アナログ信号）をパソコン内に入力するときは，Δt 刻みでサンプリングして取り入れる．そして，その取得したデータを C 言語などで記述したプログラムが処理し，制御で用いる操作量が算出される．続いて，その操作量のデータを再び現実世界に戻すときは，アナログ信号へ変換しなければなら

---

† 第 4 章のロボットモデルのコンピュータシミュレーションでも時間を変数 h で刻んでいる．この変数のことを時間刻みといい，Δt とは意味合いがやや異なる．つまり，h はシミュレーションの精度にかかわり，Δt は目標値に対する追従性やシステムの安定性にかかわる．

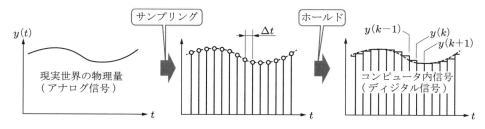

図 2.18 アナログ・ディジタル変換

ないので，各離散時間のデータを Δt の間維持するようホールドする．このように汎用のプロセッサや FPGA を用いて制御する場合を**ディジタル制御**とよぶ．

PID 制御をアナログ制御で実行する場合は，次の式を用いる．ここで，式中の E_{rr} は目標値 y_d と制御量 y の差，つまり，誤差信号である．

$$u(t) = k_p E_{rr}(t) + k_i \int E_{rr}(t)\,dt + k_d \frac{dE_{rr}(t)}{dt} \tag{2.7}$$

また，ディジタル制御で実行する場合は，次の式を用いることになる．

$$u(k) = k_p E_{rr}(k) + k_i \sum_{i=0}^{k} E_{rr}(i)\,\Delta t + k_d \frac{E_{rr}(k) - E_{rr}(k-1)}{\Delta t} \tag{2.8}$$

ディジタル制御のほうがシステム全体の安定性は劣るが，Δt を極力小さく設定できれば，アナログ制御と変わらない安定性が確保できる．ロボットアームが振動し，最悪の場合，暴走して周辺の設備を破壊したりしないよう，安定性を高くすることは重要であり，Δt を小さくするのはその方法の一つといえる．

● 2.3.5 統合制御装置とモータドライバ

ロボット工学における制御部は，図 2.19 のように 1 台のロボット全体を管理・制御する**統合制御装置**と，モータと同数の**モータドライバ**によって構成される．モータドライバ（駆動用回路）は，統合制御装置とロボットアームの間のインターフェースの役割を担う．たとえば，直流モータのモータドライバで，モータの回転方向（正転または逆転）を制御できる．また，直流モータを **PWM 制御**すれば，モータはその PWM 回路への入力信号に応じたモータトルクで回転駆動する．なお，PWM（pulse width modulation：パルス幅変調）[2.5][2.6] とは，パルス幅を調整できるスイッチング回路で，アクチュエータを駆動させる方法の一つである．

モータ制御については，角度を目的どおりに制御する角度指令と，トルクを目的どおりに制御するトルク指令がある．特に，トルク指令で制御する場合は，p.16 の 2.2.5

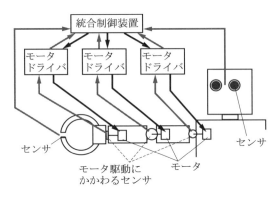

図 2.19 統合制御装置と各モータドライバの関係

項で述べたような方法でモータの電流を計測のうえ，統合制御装置が定めた目標電流に出力電流が合うようにフィードバック制御する．

> ☑ この 2.3 節の内容は，特に第 4 章以降で重要である．理解度に不安がある場合は，制御工学の教科書も参照して，確実に理解するようにしてほしい．

○章末問題○

2.1 　直流モータの正転と逆転を制御するための手段について説明せよ．
2.2 ★　直流モータの速度制御に用いられる方法について説明せよ．
2.3 ★　ポテンショメータを用いて関節角度を計測するとき，注意すべき点を述べよ．
2.4 　ポテンショメータに並ぶ，角度計測用センサとは何か述べよ．
2.5 　ジャイロセンサで計測できる物理量は何か述べよ．
2.6 ★　ひずみゲージを用いて力を計測するロードセルで用いられている回路名を答えよ．また，ノイズの影響を減らす工夫を述べよ．
2.7 ★　直流回路の電流を測定する方法を二つあげよ．
2.8 ★　PID 制御の PID が何の略かを和英併記で答えよ．
2.9 　PWM 制御の PWM とは何の略か．和英併記で答えよ．
2.10 ★★　ロータリーエンコーダで回転の向きを知る方法を，p.13 の図 2.7 と p.14 の図 2.8 にもとづいて述べよ．
2.11 ★★　スリット数 30 のロータリーエンコーダでも，加減速がなければ 1 回転を 1 万以上に分割できる．1 GHz のパルス発生装置と 1 GHz のパルスを処理できる演算装置が使用可能であるとして，また，毎分 10 万回転の高速モータを対象として，どのようにすれば計測が実現できるかを答えよ．
2.12 ★★★　ポテンショメータを使用中，想定どおりの電圧が得られなかった場合の対処法

章末問題　**25**

を考えて述べよ.

2.13 ★★★　p.14 の図 2.9 の静電容量式ジャイロセンサで計測される角速度 Ω を導け.

第3章 ロボットアームの運動学

本章では，ロボットアームの**運動学**（kinematics）について解説する．運動学とは，力やトルクには立ち入らずに，運動の様子を幾何学的に論じる力学である．前章までで学んだとおり，ロボットアームは複数のモータとリンクによって構成されており，ポテンショメータやロータリーエンコーダで計測された角度信号にもとづいて制御されて，モータ駆動とともにアームの先端は動作する．そして，ロボットを制御するときに必要なモータ角度の目標値は，本章で学ぶ運動学によって得られる．たとえば，ロボットアームが溶接や塗装に用いられる場合，アーム先端が通るべき軌道はあらかじめ決められている．その軌道から，個々の関節に取り付けられた各モータの設定すべき角度を求める必要があるが，それは簡単ではない．この目標角度を明確にするのが，この第3章の役割である．

3.1 節で自由度について，3.2 節で座標系について学ぶ．そして，3.3 節で既知の各モータ角度からアーム先端位置の座標を求める「順運動学」について学ぶ．続けて，3.4 節では，希望するアーム先端の軌道から各モータの目標角度を導く「逆運動学」について学ぶ．

高齢者の介護，社会インフラの点検，災害時の救難活動における移動ロボットへの期待感から，ロボット工学を学んだ者が，将来移動ロボットの開発に従事することも十分に考えられる．そのため，本章では，車両や歩行ロボットのような移動体の運動学にもふれ，その基礎事項が学べるようにしている．

この章の目標
- 自由度について理解し，求められるようになる．
- 座標系の定義に慣れる．
- 順運動学，逆運動学，ヤコビ行列についてよく理解する．（→第4章以降でも重要）

3.1 ロボットの自由度

自由度（degree of freedom）とは，ある機構における**位置**や**姿勢**の状態を記述するのに必要な変数の最小個数である．特に，力学やロボット工学，機構学で用いられる自由度は，(1) 自由空間における移動体の**体幹部**（たとえば，人型ロボットにおける胴

体部）の位置や姿勢を表現するために必要な変数の数，または，(2) 連結した各リンクの相互位置関係を表現するために必要な変数の数，もしくは，これら (1) と (2) の自由度の和を指す．たとえば，(1) 飛行機の自由度は，座標位置 x, y, z と各軸回りの回転角度 θ_R, θ_P, θ_Y（詳細は 3.2.1 項に記す）で表現できるので，6 自由度である．一方，(2) 椅子に座った人の右腕には，肩関節に 3 自由度（外転/内転，伸展/屈曲，外旋/内旋の各角度），肘と手首関節に 4 自由度（肘の伸展/屈曲，肘手首間の回外/回内，手首の縦横回転）あるので，合計 7 自由度がある．さらに，飛行機から人の右腕を模擬したロボットアームが出ている場合，(1) + (2) で，その自由度は 13 になる．

つまり，複数リンクで構成される移動体の自由度は，

$$自由度 = (移動体の体幹部の自由度) + (関節の自由度)$$

で算出される．しかし，床とロボットを連結する土台をもち，全関節にモータが配置されているロボットアームにおいては，移動体の体幹部にあたる部分は床に固定されているため，(1) は 0 となる．よって，(2) と同じく，

$$自由度 = (関節の自由度) = モータ数$$

で自由度が決まるので，きわめて簡単である．

3 次元空間内において，土台があるロボットアームの先端を所定の方向に向けて，所定の軌跡上を移動させるためには，最低でも 6 自由度（座標位置 x, y, z の 3 自由度と，各軸回りの回転の 3 自由度の合計）が必要である．つまり，ロボットに適切に配置されたモータが 6 個以上あれば，3 次元空間内でワークの位置と姿勢（ワークの向きや傾き）を自在にコントロールしながら持ち運ぶことができる．

なお，上述のとおり人の腕には 7 自由度あるので，最低必要数の 6 を上回っている．この余分な自由度のことを**冗長自由度**（redundant degrees of freedom）という．この冗長性のおかげで，たとえば障害物があっても，体全体を移動させることなく，その障害物を避けて物品をつかむことができる．つまり，1 自由度分冗長であることについては，それなりの利点がある．

3.2 位置と姿勢と座標系

ここで改めて，**位置**と**姿勢**というものを，人を例としてきちんと定義しよう．人は四肢（腕と脚）で位置（location）と姿勢（posture）を変えながら，歩いて移動できる．ロボット工学では，頭と胴体は体幹部に該当し，四肢はロボットアームを含むマニピュレータに該当する．そして，図 3.1 のようにある点を地上に定め，そこを原点

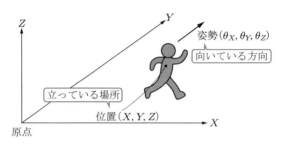

図 3.1 位置と姿勢

としたとき，人の立っている場所（人の体幹部の重心座標）のことを**位置**（location, position）といい，顔や体前面が向いている方向（ベクトル）を**姿勢**（orientation）という†．特に姿勢は，地上に設置された**座標系**（coordinate system）の各基準面からのなす角度 $(\theta_X, \theta_Y, \theta_Z)$ で表現される．Z 軸方向が天を指すように設定されていて，人の姿勢ベクトルも同じ Z 軸方向を指しているなら，その人は仰向けに寝ている状態にあることを示している．

四肢にも，それぞれ位置や姿勢が存在する．たとえば，人差し指1本にも位置や姿勢，その指のための座標系すら存在する．人差し指の位置は，その人の位置座標と姿勢がわかっていれば，その人の体幹部と指の位置関係から，明確に指し示すことができる．また，人差し指の姿勢は，その指が指している方向のことであり，ベクトル，または地上に設定された XYZ 座標の各基準面（Z 軸が天を指すなら，地面は XY 平面）とのなす角で表現される．

なお，姿勢はベクトルで表現するよりも角度で表現したほうがわかりやすいため，実際には，各リンクの姿勢は土台に設けられた基準面とのなす角で表現される．

> - 運動学で具体的に指先（ロボットの場合はアーム先端）の位置座標や姿勢を算出するためには，胴体部（体幹部）がもつ座標系，肩の座標系，肘の座標系など，指先まで各関節に細かく設置されている座標系をつなぎ合わせる必要がある．そのことを意識しつつ，この 3.2 節を学んでいこう．
> - 以下に示す座標系の定義は難しいが，座標系をきちんと理解しておけば，この第 3 章全体がスムーズに理解できるので頑張ってほしい．

3.2.1 移動体の場合

移動体の場合も，人の体と同様に体幹部の位置と姿勢を数値的に表現できる．具体的には，体幹部の重心座標が位置を示し，進行方向を意味するベクトルや角度が姿勢

---

† ロボット工学と一般の場合とで，用いられる英単語が異なる場合がある．

となる．

　飛行機や潜水艦などの移動体では，移動体全部を一つの剛体とみなす．また，これらの移動体は，床や壁，天井に拘束されていないため，地上に定められた原点座標を基準とした移動体の現在の座標 (x, y, z) が位置を指し，移動体の向き $(\theta_R, \theta_P, \theta_Y)$ が姿勢を指す．ここで，θ_R は**ロール角**，θ_P は**ピッチ角**，θ_Y は**ヨー角**を表し，それぞれ，図 3.2 に示すロール（roll）運動，ピッチ（pitch）運動，ヨー（yaw）運動によって変化した角度である．たとえば，飛行機が上昇または下降するために，機首を上げ下げするときの運動（Y 軸回りの運動）をピッチ運動という[†]．

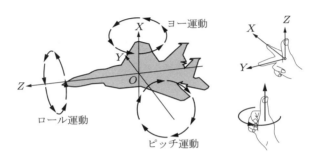

図 3.2　移動体の姿勢と座標系の定義

　次に，移動体の座標系の決め方と回転の正負方向について説明する．右手を出して，図 3.2 の右上のように指を 3 本立てたとき，親指を Z 軸，人差し指を X 軸，中指を Y 軸と定める．そして，Z 軸（親指）が移動体の進行方向，X 軸（人差し指）が上方向，Y 軸（中指）が横方向を指すと定める．さらに，図 3.2 の右下のように右手の親指を立てたときのほかの指が，各軸回りの正方向を与えるとする．なお，他分野の書籍で進行方向を X 軸に定めている場合もあるが，ロボット工学では進行方向を Z 軸に定めるケースが多いので，本書でも移動体の進行方向を Z 軸と定めている．

● 3.2.2　ロボットアームの場合

　ロボットアームは床や壁に土台で固定されているため，アームを形成する各リンクの位置（position）と姿勢は，土台を基準位置にして，土台からアーム先端まで連鎖しているリンクの相互位置関係，相対角度にもとづいて表現される．

　図 3.3 の 5 自由度ロボットアームで具体的に説明する．図 3.3(a) のアーム先端位置は図中の点 P にある．そして，アーム先端部（リンク 5）の姿勢は，リンク 4 とリンク 5 を接続している関節位置 O_5 から点 P を指すベクトル $\overrightarrow{O_5 P}$ で表現される．同様

[†] これらの運動の表現は飛行機に限らず，自動車など多くの移動機械でも用いられる（例題 3.4 も参照）．

30 第3章 ロボットアームの運動学

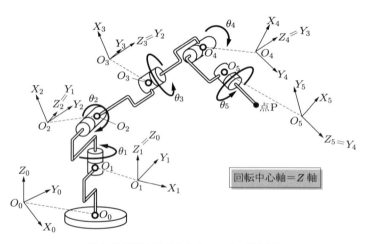

（a）ワールド座標系とアーム先端のローカル座標系

（b）各関節を原点とするローカル座標系

図 3.3 ロボットアームの各座標系

に，リンク4の姿勢は，点 O_4 から点 O_5 までのベクトル $\overrightarrow{O_4O_5}$ で示される．このように，各リンクの姿勢はそれぞれベクトルで表現できる．

　リンクの位置と姿勢は，**ワールド座標系**（**絶対座標系**や**グローバル座標系**ともいう）と**ローカル座標系**の両方で表現することができる．ここで，ワールド座標系とは，地球上のある点を原点とする固定された座標系である．一般的に天に向けて Z 軸を定め，XY 軸は自由に定める（ただし，図 3.2 右上に示す座標定義に従う）．ローカル座標系とは，各リンクの回転中心に原点がある座標系であり，あたかもリンクの回転中心に人が乗って，そこから見たような各リンクの位置や姿勢を指す．たとえば，図 3.3(b) の

アーム先端 P は，点 O_5 を原点とするローカル座標系において，$(x_5, y_5, z_5) = (0, 0, L_5)$ に位置する．一方，点 P をワールド座標系で表現する場合，図 3.3 中の各変数 $\theta_1 \sim \theta_5$ および $L_0 \sim L_5$ すべてを用いる．ワールド座標系で表現したほうが，地球上に固定された 1 点から見たリンクの位置と姿勢を示すことができるのでわかりやすい．

ロボットアームの先端位置の軌道を適切に制御するためには，定められた軌道にもとづく各関節角度を知る必要がある（これを逆運動学という）．そのためには，土台 O_0 を原点とするワールド座標系から見たアームの先端座標や姿勢を求めなければならない（これを順運動学という）．順運動学では，隣り合うローカル座標系で共通する座標軸を明確にしたうえで，関節間距離や関節角度にもとづいた座標系変換行列を作る．

では次に，各ローカル座標系の定義方法についてくわしく勉強しよう．図 3.3 の任意の座標系原点（点 $O_1 \sim$ 点 O_5）で，前項と同様に，図 3.2 の右上のように，右手で指を 3 本立てて，親指を Z 軸，人差し指を X 軸，中指を Y 軸とすれば，ロボットアームでは，**Z 軸が各関節の回転軸**を指すので Z 軸は確定するが，X 軸と Y 軸は明確には定まらない．そこで，いま着目している座標系の Z 軸の延長線上にアーム先端側の隣の座標系原点があるかどうかを確認する．

座標系原点がある場合，土台側に隣接する座標系の X 軸と Y 軸を，着目している関節の回転角度分回した方向に向けて，それぞれに X 軸（右手人差し指）と Y 軸（右手中指）を定める．たとえば，図 3.3(b) においては，点 O_1, O_3, O_5 を原点とするローカル座標系がこの定義方法に該当する．点 O_1 の座標系では，土台の座標系に対して X_1 軸と Y_1 軸が Z_1 軸回りに角度 θ_1 だけ回転している．点 O_3 の座標系では，X_3 軸が X_2 軸に対して，また，Y_3 軸が Z_2 軸に対して Z_3 軸回りに角度 θ_3 だけ回転している．そして，Y_2 軸と Z_3 軸は，同じ軸である．点 O_5 の座標系では，先端側に隣り合うローカル座標系がないので，先端そのものを隣の座標系原点とみなして考えて，回転軸 Z_5 が先端位置を貫いていることを確認してほしい．この点 O_5 の座標系では，X_5 軸が Z_4 軸に対して，また，Y_5 軸が X_4 軸に対して Z_5 軸回りに角度 θ_5 だけ回転している（なお，図 3.3(b) 中の点 O_1 などのまわりの矢印は，回転の正方向を示している）．

座標系原点がない場合，X 軸か Y 軸のどちらかを，アーム先端側の隣の原点を指すように定める．たとえば，点 O_2, O_4 を原点とするローカル座標系がこの定義方法にあてはまる．点 O_2 を原点とするローカル座標系では，回転軸を Z 軸（Z_2）と定めるので，$\overrightarrow{O_2O_3}$ を Z 軸として定めることができない．代わりに，X 軸か Y 軸を $\overrightarrow{O_2O_3}$ に定める必要がある．図 3.3(b) では，Y 軸として定められている．そして，点 O_2 の座標系における X 軸の方向は，図 3.2 右上の 3 本指に従って定める．点 O_4 の座標系も，点 O_2 の座標系の定義と同様である．

ロボットアームが移動体に取り付けられている場合は，移動体の体幹部中心を原点

として，各関節の角度から，ロボットアームの先端の位置や姿勢を導き出すことができる．逆に，所望のロボットアームの先端の位置や姿勢から，そのために必要な各関節角度を導くこともできる．

たとえば，近年，ショベルカーなどの重機がロボット化している．つまり，建設作業員が搭乗しておらず，遠隔操縦または自律制御で動作する重機が建設現場で活躍しつつある．重機はマニピュレータ付きの移動体であるため，その位置や姿勢を考える際は，3.2.1項とこの3.2.2項の両方を考慮する必要がある．すなわち，車両部に対してロール・ピッチ・ヨーの姿勢を図3.3の土台に与えて，建設現場のどこかにワールド座標系の原点を確保しなければならない．そして，車両部を土台として，図3.3に類似するアーム機構部の先端位置を，ワールド座標系で表現する．

3.3 順運動学

ロボットアームの各関節角度が既知で，これらの関節角度から，アーム先端や各関節の座標と姿勢を求める運動学を**順運動学**（forward kinematics）という．順運動学では，アームの回転運動や並進運動について考える．なお，この節以降では，行列や一次変換に関する数学の知識を必要とする．未習得者は，付録のA.1節を参照してほしい．

● 3.3.1 回転変換行列

本項前半で解説する内容は，付録A.1.2項の(4)で述べた回転変換（式(A.19)〜(A.21)）を基礎とする．しかし，それらの数学公式に頼らず，以下に述べる**方向余弦**（direction cosine）にもとづいて，回転変換行列の各要素を自分で導けるようになってほしい．

ロボットアームの各関節にXYZ座標系を定めるとき，回転軸をZ軸に設定すれば，回転運動は図3.4に示す2次元問題になる．

たとえば，床面に設置されていて，水平面上をアーム先端が回転軌道を描いて動く1リンクロボットは，図3.4の座標系に該当する．ここで，X_0軸とY_0軸で定まる座

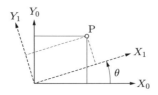

図3.4　座標系の回転

標系を，床面に原点をもつワールド座標系（0座標系と表記）と定める．また，リンクの回転中心からリンク先端に伸びる方向を X_1 軸に定めた座標系を，ローカル座標系（1座標系と表記）と定める．図 3.4 の点 P は回転するリンク上の 1 点である．

さて，点 P を 1 座標系で見た場合は，回転するリンク上に設置された 1 座標系で点 P を見ていることになるので，モータの駆動により関節角度が変化しても，1 座標系から見ている点 P の位置はつねに定位置である．しかし，0 座標系から見れば，関節角度の変化に応じて点 P の位置座標は変化する．

(1) 方向余弦を用いない方法

モータの駆動にともない関節角度が θ となるなら，1 座標系 X 軸と 0 座標系 X 軸のなす角も θ になる．そして，1 座標系で点 P が (x_1, y_1) にあるなら，ワールド座標系（0 座標系）から見た点 P 座標は θ 回転しているので，一次変換の公式より，

$$\begin{bmatrix} x_0 \\ y_0 \end{bmatrix} = \begin{bmatrix} \cos\theta & -\sin\theta \\ \sin\theta & \cos\theta \end{bmatrix} \begin{bmatrix} x_1 \\ y_1 \end{bmatrix} \tag{3.1}$$

で求められる．

座標 (x_0, y_0) はワールド座標系で見た点 P の座標である．つまり，図 3.5 の右側のように $X_1 Y_1$ 座標系（1 座標系）で見た点 P を $X_0 Y_0$ 座標系（0 座標系）で見ようとすると，点 P は反時計回りに回転している．ここで，点 P_0, P_1 はそれぞれ，0 座標系，1 座標系で見た点 P である．

ここで，2 次元表記の式 (3.1) を 3 次元で表記してみる．回転軸が Z 軸と一致する（$z_0 = z_1$ である）ため，式 (3.2) になる．

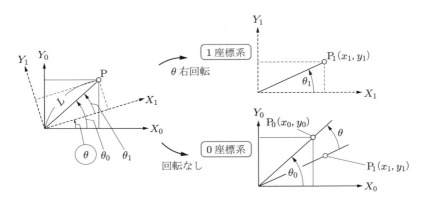

図 3.5 ワールド座標系とローカル座標系から見た点 P 位置

$$\begin{bmatrix} x_0 \\ y_0 \\ z_0 \end{bmatrix} = \begin{bmatrix} \cos\theta & -\sin\theta & 0 \\ \sin\theta & \cos\theta & 0 \\ 0 & 0 & 1 \end{bmatrix} \begin{bmatrix} x_1 \\ y_1 \\ z_1 \end{bmatrix} \tag{3.2}$$

式 (3.1) および式 (3.2) の sin，cos を含む行列が回転変換行列である．

次の例題 3.1 は，少し難しい問題であるが，式 (3.2) を見ながらでよいので，じっくりと考えてほしい．

例題3.1 方向余弦を用いずに回転変換行列を求める問題

図 3.6 に示す点 P をワールド座標系から見た座標を x_1, y_1, z_1, θ を用いて表現せよ．ただし，座標 (x_1, y_1, z_1) をローカル座標系における点 P 座標とする．

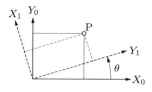

図 3.6 点 P のワールド座標

解答 次の 2 点を考えればよい．一つ目，図 3.6 では，図 3.5 と比べて X_1 軸と Y_1 軸が入れ替わっているだけなので，式 (3.2) において，x_1 と y_1 を入れ替えればよい．二つ目，右手で座標系を作るとき，親指が Z 軸，人差し指が X 軸，中指が Y 軸を指すルールにもとづく．そのとき，ワールド座標系では，Z 軸正方向は紙面表側方向を指すのに対して，ローカル座標系では，紙面裏側方向を指している．つまり，答えは次式となる．

$$\begin{bmatrix} x_0 \\ y_0 \\ z_0 \end{bmatrix} = \begin{bmatrix} -\sin\theta & \cos\theta & 0 \\ \cos\theta & \sin\theta & 0 \\ 0 & 0 & -1 \end{bmatrix} \begin{bmatrix} x_1 \\ y_1 \\ z_1 \end{bmatrix} \tag{3.3}$$

(2) 方向余弦を用いる方法

実のところ，ロボット工学では，式 (3.1)～(3.3) の導き方はごく簡単な場合を除いてあまり用いない．なぜなら，一次変換の数学公式に頼るこの方法では，多自由度のロボットで定式化が難しくなるからである．

ここから，ロボット工学として体系化された変換行列を作成する方法を示す．それは，あらゆる局面で座標変換行列を導くことができる**方向余弦を用いる方法**である．方向余弦とは，XYZ の 3 次元直交座標に存在するベクトルの X 軸方向成分，Y 軸方向成分，Z 軸方向成分のことである[3.1]．

まず簡単な事例から始めよう．図 3.7 のように，X_1 軸や Y_1 軸に沿った単位ベクト

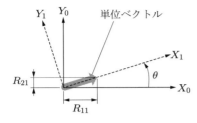
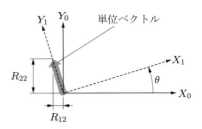

（a）X_1 軸上の単位ベクトルに関する方向余弦（R_{11}, R_{21} と $R_{31}=0$）

（b）Y_1 軸上の単位ベクトルに関する方向余弦（R_{12}, R_{22} と $R_{32}=0$）

図 3.7 方向余弦による変換行列の作成

ルの方向余弦で，式 (3.4) に示す回転変換行列 ${}^0_1\boldsymbol{R}$ を作ってみる．この ${}^0_1\boldsymbol{R}$ という表記は，太字の $\boldsymbol{R}$ の左側に 0 と 1 が付いているが，これらは「1 座標系の位置を 0 座標系から見た位置に変換できる回転変換行列である」ということを表している．すなわち，この変換行列では，左下の数値の座標系が，左上の数値の座標系に変換される．また，${}^0_1\boldsymbol{R}$ 行列内の各要素 $R_{11} \sim R_{33}$ は，0 座標系から見た 1 座標系の方向余弦を示している．なお，下付きの 1，2，3 がそれぞれ X，Y，Z 軸を表すとして，R_{ij}（$i, j = 1, 2, 3$）は，1 座標系の j 軸上の単位ベクトルの，0 座標系での i 軸に対する方向余弦である．

$$\begin{bmatrix} x_0 \\ y_0 \\ z_0 \end{bmatrix} = \begin{bmatrix} R_{11} & R_{12} & R_{13} \\ R_{21} & R_{22} & R_{23} \\ R_{31} & R_{32} & R_{33} \end{bmatrix} \begin{bmatrix} x_1 \\ y_1 \\ z_1 \end{bmatrix} = {}^0_1\boldsymbol{R} \begin{bmatrix} x_1 \\ y_1 \\ z_1 \end{bmatrix} \tag{3.4}$$

ここで，$R_{11} \sim R_{33}$ が求めたい ${}^0_1\boldsymbol{R}$ の 9 要素である．

X_1 軸上の単位ベクトルの X_0 軸に対する方向余弦を R_{11} とする．また，X_1 軸上の単位ベクトルの Y_0 軸に対する方向余弦は R_{21} である．同じく，X_1 軸上の単位ベクトルの Z_0 軸に対する方向余弦は R_{31} である．つまり，図 3.7(a) にもとづいて，R_{11}，R_{21}，R_{31} はそれぞれ次のように求められる．

$$R_{11} = \cos\theta \tag{3.5}$$

$$R_{21} = \sin\theta \tag{3.6}$$

$$R_{31} = 0 \tag{3.7}$$

なお，式 (3.7) は，紙面では表現できないので頭の中で想像して導く必要があるが，X_1 軸上の単位ベクトルは Z 軸方向に成分をもたないので，0 になる．

続けて，R_{12}，R_{22}，R_{32} を求めよう．図 3.7(b) のように，Y_1 軸上の単位ベクトルの X_0，Y_0，Z_0 軸に対する方向余弦が R_{12}，R_{22}，R_{32} であり，それぞれ次のように求められる．

36 第 3 章　ロボットアームの運動学

$$R_{12} = -\sin\theta \tag{3.8}$$

$$R_{22} = \cos\theta \tag{3.9}$$

$$R_{32} = 0 \tag{3.10}$$

　最後に，R_{13}，R_{23}，R_{33} を求めよう．Z_1 軸に配置した単位ベクトルは原点から紙面表側方向に出ているので，図で表現することが難しい．そこで，その単位ベクトルを頭の中で思い描いて，そのベクトルの X_0，Y_0，Z_0 軸に対する方向余弦を考えることになる．Z_1 軸と Z_0 軸が同じ方向を向いているので，次のように求められる．

$$R_{13} = 0 \tag{3.11}$$

$$R_{23} = 0 \tag{3.12}$$

$$R_{33} = 1 \tag{3.13}$$

　R_{11}〜R_{33} を式 (3.4) に代入して，式 (3.2) に一致していることを確認してほしい．

例題 3.1 の方向余弦を用いた解答例

　X_1 軸上の単位ベクトルの X_0，Y_0，Z_0 軸に対する方向余弦は，

$$R_{11} = -\sin\theta$$
$$R_{21} = \cos\theta$$
$$R_{31} = 0$$

となり，Y_1 軸上の単位ベクトルの X_0，Y_0，Z_0 軸に対する方向余弦は，

$$R_{12} = \cos\theta$$
$$R_{22} = \sin\theta$$
$$R_{32} = 0$$

となる．Z_1 軸上の単位ベクトル（紙面裏側向き）は Z_0 軸正方向と逆なので，

$$R_{13} = 0$$
$$R_{23} = 0$$
$$R_{33} = -1$$

となる．それぞれ，式 (3.4) に代入すれば，式 (3.3) と同じ行列が得られる．

　☑　方向余弦に慣れるまでは，簡単な問題に対して，一次変換の数学公式に頼って得た答えと方向余弦を用いて得た答えが一致していることを確認しながら学ぶことを勧める．

例題3.2　方向余弦を用いて回転変換行列を求める問題

図 3.8 に示す 1 自由度ロボットアームにおいて，ローカル座標系原点から見たリンク 1 上の点の座標を，ワールド座標系原点から見た座標に変換する回転変換行列を求めよ．ただし，ワールド座標系の原点とリンク 1 のローカル座標系の原点は同じ点にあるものとする．

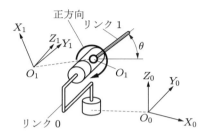

図 3.8 回転軸を有する 1 自由度ロボットアーム

[解答] 回転軸は Z 軸として定義されるので，O_1 を原点とするローカル座標系（1 座標系）の Z_1 軸は回転軸である．そして，リンク 1 の先端に向けて Y_1 軸が伸びている．また，(1) ワールド座標系の Y_0 軸とローカル座標系の Z_1 軸が重なること，(2) Y_1 軸が X_0 軸に対して Z_1 軸回り正方向に角度 $-\theta$ 回転していること，(3) X_1 軸も Z_0 軸に対して Z_1 軸回り正方向に角度 $-\theta$ 回転していることを見抜かなければならない．もし (1) が見抜けないなら，p.29 の 3.2.2 項を復習し，ワールド座標系で Z 軸が天を指すこと，ローカル座標系で回転軸が Z 軸として定義されることを念頭において，Z_1 軸が X_0 軸，Y_0 軸，Z_0 軸のどれかと必ず重なるはずだと考えてほしい．また，(1) を無事見抜けていれば，Y_0 軸と Z_1 軸がともに紙面裏側方向を向いており，X_0Z_0 面と Y_1X_1 面が同一平面上にあることも理解できるはずである．そして，図 3.9 のように簡略化できるので，上述の (2) と (3) も見抜けるだろう．ただし，角度の符号がマイナスであることに注意すること．回転の正方向が図 3.8 の中で示されているが，仮に示されていなくても右手親指を Z_1 軸に当てて関節の正回転方向が時計回りであることを理解して，$-\theta$ を用いて正しく計算できることが望まれる．

図 3.9 より，X_1 軸上の単位ベクトルの X_0，Y_0，Z_0 軸に対する方向余弦は，

$$R_{11} = -\sin(-\theta)$$

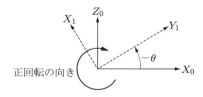

図 3.9 Y_0 方向（$= Z_1$ 方向）で図 3.8 を 2 次元表記にした図

$$R_{21} = 0$$
$$R_{31} = \cos(-\theta)$$

となり，Y_1 軸上の単位ベクトルの X_0, Y_0, Z_0 軸に対する方向余弦は，

$$R_{12} = \cos(-\theta)$$
$$R_{22} = 0$$
$$R_{32} = \sin(-\theta)$$

となる．Z_1 軸上の単位ベクトルは Y_0 軸正方向と同じ方向なので，

$$R_{13} = 0$$
$$R_{23} = 1$$
$$R_{33} = 0$$

となる．よって，1座標系を0座標系に変換する回転変換行列は，次のように表記される．

$$^0_1\boldsymbol{R} = \begin{bmatrix} \sin\theta & \cos\theta & 0 \\ 0 & 0 & 1 \\ \cos\theta & -\sin\theta & 0 \end{bmatrix}$$

● 3.3.2 並進変換行列

たとえば，ワールド座標系の原点とローカル座標系の原点が離れている場合，ローカル座標系が回転していなくても，ある点をローカル座標系の原点から見たときと，ワールド座標系の原点から見たときとで位置が異なる．そのように二つの座標系で，原点位置が離れている場合に用いられる変換行列を並進変換行列という．

まず，ごく簡単な問題で考えてみよう．図 3.10 に示す X_1 軸と Y_1 軸の 1 座標系において，点 P は $(x_1, y_1) = (2, 2)$ である．では，X_0 軸と Y_0 軸の 0 座標系から見た点 P の座標 (x_0, y_0) はどこにあるだろうか．もちろん，答えは $(x_0, y_0) = (5, 3)$ である．

さて，この解答，(5, 3) を得るとき，頭の中でどのような計算をしたであろうか．おそらく，$x_1 = 2$ と $y_1 = 2$ に，原点のずれ 3 と 1 を，それぞれ加算したことと思う．

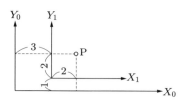

図 3.10 並進の例

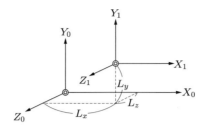

図 3.11 原点の異なる二つの座標系

具体的に行列で計算過程を記してみよう．図 3.11 をよく見てほしい．1 座標系と 0 座標系で，原点位置が，(L_x, L_y, L_z) だけ離れている．1 座標系上の点 (x_1, y_1, z_1) は，0 座標系から見れば，座標 (x_0, y_0, z_0) として，

$$\begin{bmatrix} x_0 \\ y_0 \\ z_0 \end{bmatrix} = \begin{bmatrix} x_1 \\ y_1 \\ z_1 \end{bmatrix} + \begin{bmatrix} L_x \\ L_y \\ L_z \end{bmatrix} = \begin{bmatrix} x_1 + L_x \\ y_1 + L_y \\ z_1 + L_z \end{bmatrix}$$

で得られる．これは，3×1 行列どうしの和となっているが，次式のようにしても得ることができる．なお，この式の右辺は導こうとせず，この形を覚えてほしい．

$$\begin{bmatrix} x_0 \\ y_0 \\ z_0 \\ 1 \end{bmatrix} = \begin{bmatrix} x_1 + L_x \\ y_1 + L_y \\ z_1 + L_z \\ 1 \end{bmatrix} = \begin{bmatrix} 1 & 0 & 0 & L_x \\ 0 & 1 & 0 & L_y \\ 0 & 0 & 1 & L_z \\ 0 & 0 & 0 & 1 \end{bmatrix} \begin{bmatrix} x_1 \\ y_1 \\ z_1 \\ 1 \end{bmatrix} \quad (3.14)$$

この式 (3.14) の中で ${}^0_1\boldsymbol{L} = [L_x, L_y, L_z]^T$ が，並進変換行列（3×1 行列）である．式 (3.14) を用いると，図 3.10 の点 P 座標 (x_0, y_0) は，次のように求められる．

$$\begin{bmatrix} x_0 \\ y_0 \\ z_0 \\ 1 \end{bmatrix} = \begin{bmatrix} 1 & 0 & 0 & 3 \\ 0 & 1 & 0 & 1 \\ 0 & 0 & 1 & 0 \\ 0 & 0 & 0 & 1 \end{bmatrix} \begin{bmatrix} 2 \\ 2 \\ 0 \\ 1 \end{bmatrix} = \begin{bmatrix} 2 + 3 \\ 2 + 1 \\ 0 + 0 \\ 0 + 1 \end{bmatrix} = \begin{bmatrix} 5 \\ 3 \\ 0 \\ 1 \end{bmatrix}$$

このとき，${}^0_1\boldsymbol{L} = [3, 1, 0]^T$ である．

● 3.3.3　同次変換行列

前項のように，次元を一つ追加して $(x, y, z, 1)$ のように表す座標系を同次 (homogeneous) 座標系という．同次座標系を使うと，前項までに学んだ回転変換と並進変換を次のように 1 回の乗算の形で表現できる．

40 第3章 ロボットアームの運動学

$$
\begin{bmatrix} x_0 \\ y_0 \\ z_0 \\ 1 \end{bmatrix} = \begin{bmatrix} R_{11} & R_{12} & R_{13} & L_x \\ R_{21} & R_{22} & R_{23} & L_y \\ R_{31} & R_{32} & R_{33} & L_z \\ 0 & 0 & 0 & 1 \end{bmatrix} \begin{bmatrix} x_1 \\ y_1 \\ z_1 \\ 1 \end{bmatrix} = {}_1^0\boldsymbol{T} \begin{bmatrix} x_1 \\ y_1 \\ z_1 \\ 1 \end{bmatrix} \tag{3.15}
$$

このように，次元を一つ追加することによって，原点ではない点を回転中心とした回転変換が可能な変換行列を作り出すことができる．回転変換行列（式 (3.4) 参照）と並進変換行列（式 (3.14) 参照）を併合した次の行列 ${}_1^0\boldsymbol{T}$ を同次変換行列とよぶ．

$$
{}_1^0\boldsymbol{T} = \begin{bmatrix} R_{11} & R_{12} & R_{13} & L_x \\ R_{21} & R_{22} & R_{23} & L_y \\ R_{31} & R_{32} & R_{33} & L_z \\ 0 & 0 & 0 & 1 \end{bmatrix} \tag{3.16}
$$

${}_1^0\boldsymbol{T}$ の左上側の 3×3 行列 $\boldsymbol{R}$ が回転を，${}_1^0\boldsymbol{T}$ の右上側の 3×1 行列 $\boldsymbol{L}$ が並進を表現している．この行列における 4 行目の各要素は，一見意味がないように見える．しかし，仮に次式のように，同次変換を定式化してはいけない．

$$
\begin{bmatrix} x_0 \\ y_0 \\ z_0 \end{bmatrix} = \begin{bmatrix} R_{11} & R_{12} & R_{13} & L_x \\ R_{21} & R_{22} & R_{23} & L_y \\ R_{31} & R_{32} & R_{33} & L_z \end{bmatrix} \begin{bmatrix} x_1 \\ y_1 \\ z_1 \\ 1 \end{bmatrix} \quad \text{This is bad!} \tag{3.17}
$$

この式では，同次変換行列が 3 行 4 列となるため，同次変換行列どうしの乗算ができない．ロボット工学においては，後述の式 (3.22) や式 (3.23) のような同次変換行列どうしの乗算をするためにも，4 行目は残しておく必要がある．

ここで，図 3.12 で示すロボットアームについて，リンク 2 の座標系（2 座標系）の点をワールド座標系で表すことを考えてみよう．土台 O_0 をワールド座標の原点とし，その土台（リンク 0）とリンク 1 の連結部を原点 O_1，リンク 1 とリンク 2 の連結部を原点 O_2 とする各ローカル座標系（1 座標系と 2 座標系）を設ける．O_1 は O_0 から見て Z_0 方向に L_1 離れており，O_2 は O_1 から見て Z_1 方向に L_2 離れている．また，Z_1 軸と Z_2 軸は，各関節の回転軸に一致している．

まず，1 座標系から 0 座標系に変換する回転変換行列は，次式のように求められる．

$$
{}_1^0\boldsymbol{R} = \begin{bmatrix} \cos\theta_1 & -\sin\theta_1 & 0 \\ \sin\theta_1 & \cos\theta_1 & 0 \\ 0 & 0 & 1 \end{bmatrix} \tag{3.18}
$$

また，式 (3.16) 中の並進に該当する L_x，L_y，L_z について，ワールド座標系（0 座標

3.3 順運動学   41

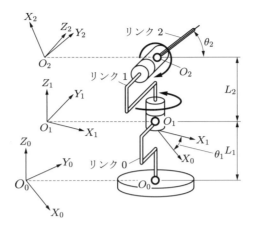

図 3.12 土台（リンク 0）〜リンク 2 で構成されるロボットアーム

系）の原点から見て，1 座標系の原点は Z_0 方向に L_1 離れているので，${}_1^0\boldsymbol{L} = [0, 0, L_1]^T$ である．したがって，1 座標系における点 (x_1, y_1, z_1) の 0 座標系での座標 (x_0, y_0, z_0) は，同次変換行列 ${}_1^0\boldsymbol{T}$ を用いて次式で得られる．

$$\begin{bmatrix} x_0 \\ y_0 \\ z_0 \\ 1 \end{bmatrix} = {}_1^0\boldsymbol{T} \begin{bmatrix} x_1 \\ y_1 \\ z_1 \\ 1 \end{bmatrix}, \quad {}_1^0\boldsymbol{T} = \begin{bmatrix} \cos\theta_1 & -\sin\theta_1 & 0 & 0 \\ \sin\theta_1 & \cos\theta_1 & 0 & 0 \\ 0 & 0 & 1 & L_1 \\ 0 & 0 & 0 & 1 \end{bmatrix} \quad (3.19)$$

次に，2 座標系から 1 座標系に変換する回転変換行列は，次式のように求められる（例題 3.2 の解答と同じ）．

$$ {}_2^1\boldsymbol{R} = \begin{bmatrix} -\sin(-\theta_2) & \cos(-\theta_2) & 0 \\ 0 & 0 & 1 \\ \cos(-\theta_2) & \sin(-\theta_2) & 0 \end{bmatrix} = \begin{bmatrix} \sin\theta_2 & \cos\theta_2 & 0 \\ 0 & 0 & 1 \\ \cos\theta_2 & -\sin\theta_2 & 0 \end{bmatrix} \quad (3.20)$$

続いて，1 座標系の原点から見て，2 座標系の原点が Z_1 方向に L_2 離れているので，${}_2^1\boldsymbol{L} = [0, 0, L_2]^T$ である．したがって，2 座標系における点 (x_2, y_2, z_2) の 1 座標系での座標 (x_1, y_1, z_1) は，次のように求められる．

$$\begin{bmatrix} x_1 \\ y_1 \\ z_1 \\ 1 \end{bmatrix} = {}_2^1\boldsymbol{T} \begin{bmatrix} x_2 \\ y_2 \\ z_2 \\ 1 \end{bmatrix}, \quad {}_2^1\boldsymbol{T} = \begin{bmatrix} \sin\theta_2 & \cos\theta_2 & 0 & 0 \\ 0 & 0 & 1 & 0 \\ \cos\theta_2 & -\sin\theta_2 & 0 & L_2 \\ 0 & 0 & 0 & 1 \end{bmatrix} \quad (3.21)$$

よって，2 座標系における点をワールド座標系で表すと，

42 第3章 ロボットアームの運動学

$$
\begin{bmatrix} x_0 \\ y_0 \\ z_0 \\ 1 \end{bmatrix} = {}^0_1\boldsymbol{T} \begin{bmatrix} x_1 \\ y_1 \\ z_1 \\ 1 \end{bmatrix} = {}^0_1\boldsymbol{T}\,{}^1_2\boldsymbol{T} \begin{bmatrix} x_2 \\ y_2 \\ z_2 \\ 1 \end{bmatrix} = {}^0_2\boldsymbol{T} \begin{bmatrix} x_2 \\ y_2 \\ z_2 \\ 1 \end{bmatrix}
$$

となる．このように，${}^0_2\boldsymbol{T}$ は次のように，${}^0_1\boldsymbol{T}$ と ${}^1_2\boldsymbol{T}$ の積で求められる．

$$
{}^0_2\boldsymbol{T} = {}^0_1\boldsymbol{T}\,{}^1_2\boldsymbol{T} \tag{3.22}
$$

この ${}^0_2\boldsymbol{T}$ を用いることで，O_2 を原点とするローカル座標系（2 座標系）上に表現される各位置を，ワールド座標系でとらえることができる．

なお，${}^0_1\boldsymbol{T}$ や ${}^1_2\boldsymbol{T}$ を求めるのは，角度や長さに関係する各パラメータを式 (3.16) にあてはめるだけなので簡単であるが，L_1 と L_2 の符号の付け方については油断すると間違えやすい．たとえば，${}^1_2\boldsymbol{T}$ の場合，原点 O_1 から見て原点 O_2 がどこにあるのかと考えて，Z_1 軸の正方向に L_2 離れた位置にあるから，L_z の箇所に L_2 を代入する．そのように，ワールド座標系側の座標系原点から，アーム先端側の座標系を見る習慣を付ければ，符号ミスは生じない．

またたとえば，図 3.3 のロボットアーム（5 自由度）の場合も同様に，アーム先端のローカル座標（5 座標系）上の各位置をワールド座標に変換する行列 ${}^0_5\boldsymbol{T}$ を，次のように隣り合う座標系の同次変換行列の積で求めることができる．

$$
{}^0_5\boldsymbol{T} = {}^0_1\boldsymbol{T}\,{}^1_2\boldsymbol{T}\,{}^2_3\boldsymbol{T}\,{}^3_4\boldsymbol{T}\,{}^4_5\boldsymbol{T} \tag{3.23}
$$

この同次変換は多リンクロボットにおいてきわめて重要であり，同次変換行列の使い方に慣れれば，ロボット工学の基礎の一つが身に付いたといえる．

ここで，同次変換行列の算出と，同次変換行列を用いてアーム先端位置を求める例題を解いてみよう．なお，後の例題 3.4 は難しいが，特に移動ロボットに興味がある読者には解いてみてほしい．

例題3.3 2 自由度ロボットアームの同次変換行列

図 3.13 に示す 2 自由度ロボットアームにおいて，ワールド座標系から見たアーム先端の位置座標を求めよ．

解答 まず，アーム先端位置が，O_2 を原点とする 2 座標系において，$[L_e, 0, 0]^T$ にあることに着目する．また，図 3.13 は見た目がわかりにくいので，真上から見たときのロボットアームの様子を図 3.14 に示す．

この図より，隣り合う座標系の同次変換行列が，式 (3.24)，(3.25) で求められる．

3.3 順運動学　43

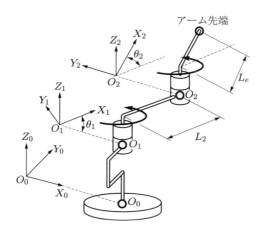

図 3.13 2 自由度ロボットアーム

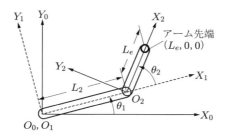

図 3.14 2 自由度ロボットアームを真上から見た模式図

$$_1^0\boldsymbol{T} = \begin{bmatrix} \cos\theta_1 & -\sin\theta_1 & 0 & 0 \\ \sin\theta_1 & \cos\theta_1 & 0 & 0 \\ 0 & 0 & 1 & 0 \\ 0 & 0 & 0 & 1 \end{bmatrix} \tag{3.24}$$

$$_2^1\boldsymbol{T} = \begin{bmatrix} \cos\theta_2 & -\sin\theta_2 & 0 & L_2 \\ \sin\theta_2 & \cos\theta_2 & 0 & 0 \\ 0 & 0 & 1 & 0 \\ 0 & 0 & 0 & 1 \end{bmatrix} \tag{3.25}$$

この二つの行列から，ワールド座標系におけるアーム先端位置は，次のように求められる．

$$\begin{bmatrix} x_0 \\ y_0 \\ z_0 \\ 1 \end{bmatrix} = {_1^0\boldsymbol{T}}\,{_2^1\boldsymbol{T}} \begin{bmatrix} L_e \\ 0 \\ 0 \\ 1 \end{bmatrix}$$

44 第 3 章 ロボットアームの運動学

$$
= \begin{bmatrix} \cos\theta_1 & -\sin\theta_1 & 0 & 0 \\ \sin\theta_1 & \cos\theta_1 & 0 & 0 \\ 0 & 0 & 1 & 0 \\ 0 & 0 & 0 & 1 \end{bmatrix} \begin{bmatrix} \cos\theta_2 & -\sin\theta_2 & 0 & L_2 \\ \sin\theta_2 & \cos\theta_2 & 0 & 0 \\ 0 & 0 & 1 & 0 \\ 0 & 0 & 0 & 1 \end{bmatrix} \begin{bmatrix} L_e \\ 0 \\ 0 \\ 1 \end{bmatrix}
$$

$$
= \begin{bmatrix} \cos\theta_1 & -\sin\theta_1 & 0 & 0 \\ \sin\theta_1 & \cos\theta_1 & 0 & 0 \\ 0 & 0 & 1 & 0 \\ 0 & 0 & 0 & 1 \end{bmatrix} \begin{bmatrix} L_e\cos\theta_2 + L_2 \\ L_e\sin\theta_2 \\ 0 \\ 1 \end{bmatrix}
$$

$$
= \begin{bmatrix} L_e\cos\theta_1\cos\theta_2 + L_2\cos\theta_1 - L_e\sin\theta_1\sin\theta_2 \\ L_e\sin\theta_1\cos\theta_2 + L_2\sin\theta_1 + L_e\cos\theta_1\sin\theta_2 \\ 0 \\ 1 \end{bmatrix}
$$

$$
= \begin{bmatrix} L_2\cos\theta_1 + L_e\cos(\theta_1 + \theta_2) \\ L_2\sin\theta_1 + L_e\sin(\theta_1 + \theta_2) \\ 0 \\ 1 \end{bmatrix} \tag{3.26}
$$

なお，途中，次式の加法定理を用いている．

$$
\cos(\theta_1 + \theta_2) = \cos\theta_1\cos\theta_2 - \sin\theta_1\sin\theta_2 \tag{3.27}
$$

$$
\sin(\theta_1 + \theta_2) = \sin\theta_1\cos\theta_2 + \cos\theta_1\sin\theta_2 \tag{3.28}
$$

計算の結果，ワールド座標系から見たアーム先端位置 x_0，y_0 は次のように得られる．

$$
x_0 = L_2\cos\theta_1 + L_e\cos(\theta_1 + \theta_2)
$$

$$
y_0 = L_2\sin\theta_1 + L_e\sin(\theta_1 + \theta_2)
$$

例題3.4 **アーム付き移動ロボットのアーム先端位置を同次変換行列で求める問題**

（高難度）順運動学に関する最後の例題として，ショベルカーのように，移動体にリンク機構が取り付けられている場合について扱う．ただし，実在のショベルカーの構造は難しいので，図 3.15 のように簡略化した移動ロボットで考える．

このロボットのアーム先端は，地面にあるワールド座標系の原点から見て，どこにあるのかを求めよ．

解答 このロボットについて，まず自由度を求めておこう．移動体の自由度は，特に拘束がなければ，

(1) 1 次元空間における剛体の自由度：1（＝ 並進 1 ＋ 回転 0）

(2) 2 次元空間における剛体の自由度：3（＝ 並進 2 ＋ 回転 1）

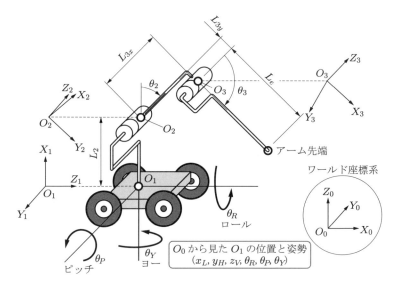

図 3.15 ロボットアーム付き移動ロボットのアーム先端位置

(3) 3 次元空間における剛体の自由度：6（= 並進 3 + 回転 3）

である．つまり，図 3.15 では，車輪が付いた移動体部分の自由度が 6 で，アーム部の自由度が 2 であるため，このロボットの自由度は 8 ということになる．

よって，状況に応じて変化するパラメータとして，x_L, y_H, z_V, θ_R, θ_P, θ_Y, θ_2, θ_3 の 8 個が必要となる．ロボットアームの先端位置はこれら 8 個のパラメータによって表現される．

さて，3 次元空間における回転変換を表現する方法にはいくつかある[3.4]が，ロール・ピッチ・ヨー角による表現[3.5][3.6]は，その中でも特によく用いられる．この移動ロボットの回転運動もその方法で表現しよう．移動ロボットの進行方向に Z 軸，左右方向に Y 軸，上下方向に X 軸をとるとき，ロール運動は Z 軸回り，ピッチ運動は Y 軸回り，ヨー運動は X 軸回りとなる．

式が煩雑になるのを防ぐため，次のように三角関数をおく．

$$C_R = \cos\theta_R, \quad C_P = \cos\theta_P, \quad C_Y = \cos\theta_Y \tag{3.29}$$

$$S_R = \sin\theta_R, \quad S_P = \sin\theta_P, \quad S_Y = \sin\theta_Y \tag{3.30}$$

ロール・ピッチ・ヨー角に対応する回転変換行列 $\boldsymbol{R}_{RPY}$ は，ロール角回転行列，ピッチ角回転行列，ヨー角回転行列の順に乗算して，次のように求められる（付録の式 (A.19)〜(A.21) 参照）．

46 第3章　ロボットアームの運動学

$$\boldsymbol{R}_{RPY} = \begin{bmatrix} C_R & -S_R & 0 \\ S_R & C_R & 0 \\ 0 & 0 & 1 \end{bmatrix} \begin{bmatrix} C_P & 0 & S_P \\ 0 & 1 & 0 \\ -S_P & 0 & C_P \end{bmatrix} \begin{bmatrix} 1 & 0 & 0 \\ 0 & C_Y & -S_Y \\ 0 & S_Y & C_Y \end{bmatrix} \tag{3.31}$$

$$= \begin{bmatrix} C_R C_P & C_R S_P S_Y - S_R C_Y & C_R S_P C_Y + S_R S_Y \\ S_R C_P & S_R S_P S_Y + C_R C_Y & S_R S_P C_Y - C_R S_Y \\ -S_P & C_P S_Y & C_P C_Y \end{bmatrix} \tag{3.32}$$

　なお，角度 90° のときは特異状態になり，実際の状況とあわない回転変換行列を作り出すため注意が必要である（後述の注意を参照）．

　では，$_1^0\boldsymbol{T}$ と $_2^1\boldsymbol{T}$，$_3^2\boldsymbol{T}$ について，順次求めていこう．$_1^0\boldsymbol{T}$ は O_1 と O_0 の位置ずれを表現する並進変換行列と式 (3.32) の $\boldsymbol{R}_{RPY}$ とを結合することで，次のように得られる．

$$_1^0\boldsymbol{T} = \begin{bmatrix} 0 & 0 & 1 & x_L \\ 0 & -1 & 0 & y_H \\ 1 & 0 & 0 & z_V \\ 0 & 0 & 0 & 1 \end{bmatrix} \begin{bmatrix} C_R C_P & C_R S_P S_Y - S_R C_Y & C_R S_P C_Y + S_R S_Y & 0 \\ S_R C_P & S_R S_P S_Y + C_R C_Y & S_R S_P C_Y - C_R S_Y & 0 \\ -S_P & C_P S_Y & C_P C_Y & 0 \\ 0 & 0 & 0 & 1 \end{bmatrix}$$

$$= \begin{bmatrix} -S_P & C_P S_Y & C_P C_Y & x_L \\ -S_R C_P & -S_R S_P S_Y - C_R C_Y & -S_R S_P C_Y + C_R S_Y & y_H \\ C_R C_P & C_R S_P S_Y - S_R C_Y & C_R S_P C_Y + S_R S_Y & z_V \\ 0 & 0 & 0 & 1 \end{bmatrix} \tag{3.33}$$

　次に，$_2^1\boldsymbol{T}$ について求めよう．X_2 軸上の単位ベクトルの X_1，Y_1，Z_1 軸に対する方向余弦は，

$$R_{11} = \cos\theta_2$$
$$R_{21} = 0$$
$$R_{31} = \sin\theta_2$$

となり，続いて，Y_2 軸上の単位ベクトルの X_1，Y_1，Z_1 軸に対する方向余弦は，

$$R_{12} = -\sin\theta_2$$
$$R_{22} = 0$$
$$R_{32} = \cos\theta_2$$

となる．また，Z_2 軸上の単位ベクトル（紙面裏向き）は Y_1 軸正方向と逆なので，

$$R_{13} = 0$$
$$R_{23} = -1$$
$$R_{33} = 0$$

となる．並進に関して，O_2 は O_1 から見て X_1 方向に L_2 離れている．つまり，それぞれを p.40 の式 (3.16) に代入すれば，次のようになる．

$$
{}_2^1\boldsymbol{T} = \begin{bmatrix} \cos\theta_2 & -\sin\theta_2 & 0 & L_2 \\ 0 & 0 & -1 & 0 \\ \sin\theta_2 & \cos\theta_2 & 0 & 0 \\ 0 & 0 & 0 & 1 \end{bmatrix} \tag{3.34}
$$

最後に，${}_3^2\boldsymbol{T}$ について求めよう．X_3 軸上の単位ベクトルの X_2, Y_2, Z_2 軸に対する方向余弦は，

$$
R_{11} = \cos\theta_3
$$
$$
R_{21} = \sin\theta_3
$$
$$
R_{31} = 0
$$

となり，Y_3 軸上の単位ベクトルの X_2, Y_2, Z_2 軸に対する方向余弦は，

$$
R_{12} = -\sin\theta_3
$$
$$
R_{22} = \cos\theta_3
$$
$$
R_{32} = 0
$$

となる．Z_3 軸上の単位ベクトル（紙面裏向き）は Z_2 軸正方向と同じなので，

$$
R_{13} = 0
$$
$$
R_{23} = 0
$$
$$
R_{33} = 1
$$

となる．また，並進に関して，O_3 は O_2 から見て X_2 方向に L_{3x}，Y_2 方向に L_{3y} 離れている．以上のことを式 (3.16) に代入すれば，次式が得られる．

$$
{}_3^2\boldsymbol{T} = \begin{bmatrix} \cos\theta_3 & -\sin\theta_3 & 0 & L_{3x} \\ \sin\theta_3 & \cos\theta_3 & 0 & L_{3y} \\ 0 & 0 & 1 & 0 \\ 0 & 0 & 0 & 1 \end{bmatrix} \tag{3.35}
$$

2 座標系上でアーム先端が $[L_e, 0, 0]^T$ に位置することと，式 (3.33)〜(3.35) を用いて，0 座標系から見たアーム先端座標は，次のように導かれる．

$$
\begin{bmatrix} x_0 \\ y_0 \\ z_0 \\ 1 \end{bmatrix} = {}_1^0\boldsymbol{T}\,{}_2^1\boldsymbol{T}\,{}_3^2\boldsymbol{T} \begin{bmatrix} L_e \\ 0 \\ 0 \\ 1 \end{bmatrix}
$$

48 第3章 ロボットアームの運動学

$$
= {}_1^0\boldsymbol{T}
\begin{bmatrix}
\cos\theta_2 & -\sin\theta_2 & 0 & L_2 \\
0 & 0 & -1 & 0 \\
\sin\theta_2 & \cos\theta_2 & 0 & 0 \\
0 & 0 & 0 & 1
\end{bmatrix}
\begin{bmatrix}
\cos\theta_3 & -\sin\theta_3 & 0 & L_{3x} \\
\sin\theta_3 & \cos\theta_3 & 0 & L_{3y} \\
0 & 0 & 1 & 0 \\
0 & 0 & 0 & 1
\end{bmatrix}
\begin{bmatrix}
L_e \\
0 \\
0 \\
1
\end{bmatrix}
$$

$$
= {}_1^0\boldsymbol{T}
\begin{bmatrix}
\cos\theta_2 & -\sin\theta_2 & 0 & L_2 \\
0 & 0 & -1 & 0 \\
\sin\theta_2 & \cos\theta_2 & 0 & 0 \\
0 & 0 & 0 & 1
\end{bmatrix}
\begin{bmatrix}
L_e\cos\theta_3 + L_{3x} \\
L_e\sin\theta_3 + L_{3y} \\
0 \\
1
\end{bmatrix}
$$

$$
= {}_1^0\boldsymbol{T}
\begin{bmatrix}
L_e\cos(\theta_2 + \theta_3) + L_{3x}\cos\theta_2 - L_{3y}\sin\theta_2 \\
0 \\
L_e\sin(\theta_2 + \theta_3) + L_{3x}\sin\theta_2 + L_{3y}\cos\theta_2 \\
1
\end{bmatrix}
\tag{3.36}
$$

最後に ${}_1^0\boldsymbol{T}$ と 4×1 行列を掛け算すれば,ワールド座標系から見たアーム先端位置 (x_0, y_0, z_0) を導くことができる.

なお,この例題を解くときは,次の点に注意する.

① 式 (3.31) のロール・ピッチ・ヨーの回転変換行列を求めるときに,掛ける順序を変えてはならない.順序が異なる回転変換行列では,変換先の座標が異なってしまう.ただし,角度 θ_R,θ_P,θ_Y が微小値であるときや,三つのうち二つが $0°$ であるときは,順序に関係なくなる.

② $90°$ のとき特異状態になる(**ジンバルロック**が発生する)ので,ロール角,ピッチ角,ヨー角が大きい場合でも $90°$ にならないよう注意がいる.なお,ジンバルロック(gimbal lock)とは,たとえば X 軸を $90°$ 傾けたときに,その軸が Y 軸または Z 軸と重なって自由度を失う現象のことをいう.

③ ${}_1^0\boldsymbol{T}$ を導くとき,原点 O_1 の1座標系と原点 O_0 の0座標系の同次変換行列をもっとも左に配置する.なぜなら,$\boldsymbol{R}_{RPY}$ が移動体の体幹部中心(= 原点 O_1)における回転変換行列であるのに対して,原点 O_0 と原点 O_1 の関係のほうがワールド座標系寄りであり,ワールド座標系寄りの変換行列を合成式の中で左側に配置しなければならないためである.

ヒューマノイドロボットや四足歩行ロボットでは,バランスを崩して倒れない限り,体幹部の中心に位置 (x, y, z) と姿勢(ロール・ピッチ・ヨー角で表現できる)を表す数値六つをもち,これらはロボットの現在位置とバランス状態を指し示す主要パラメータともいえる.

そして,体幹部の位置は,以下のようなものを用いることで,測定または予測が可能である.

3.4 逆運動学 **49**

- 人工衛星の電波を用いる**GPS**（飛行ロボットやフィールドロボット）
- 走行路に接する車輪の回転角度から位置を予測する**オドメトリ**（odometry）（車両ロボットでよく用いられる）
- スピーカーなどの音源の位置を複数のマイクで予測する**音源定位**（sound localization）（水中ロボットでよく用いられる）
- 地図上の位置座標とセンサで予測される位置座標で生じる空間場の矛盾を消すように演算して，位置と地図を同時に推定する**SLAM**（simultaneous localization and mapping）

また，体幹部の姿勢は，ジャイロセンサや加速度センサを使った下向き加速度と重力加速度の比較で知ることができる．

以上のように，順運動学を用いることによって，ロボット体幹部の位置と姿勢にもとづき，手先の位置や姿勢をロボットから離れたワールド座標原点からでも把握できる．これにより，たとえば複数の移動ロボットが同一フィールド内で行う共同作業でも，ロボットどうしの衝突を避けることができる．

3.4 逆運動学

ロボットアームは，流れてくるワークの積み上げ作業や溶接，切断など，さまざまな実質的な仕事を担う．たとえば溶接の場合，その溶接したい箇所は明らかであるので，アーム先端が通るべき軌道，アーム先端が向くべき方向も明確である．つまり，3.3 節の順運動学で求めた位置や姿勢は既知である．一方，ここで実際に知りたいのは，溶接したい箇所にロボットアーム先端を位置付けることができる各関節の角度である．そして，これら各関節角度をアーム先端の位置と姿勢から求めるのが**逆運動学**（inverse kinematics）である．この節では，逆運動学について学ぶ．

●3.4.1 関節角度を逆算することの意味

ロボットアームが行う仕事は，ロボットアームの先端に取り付けられたエンドエフェクタが担う．たとえば，ワーク把持の仕事であれば，どこでワークをつかんで，どこでワークをはなすのかが重要であり，溶接や切断では，加工開始点から加工終了点までの 2 点間の軌跡（直線や曲線）も重要となる．

ここで，図 3.16 を見てみよう．この図はモータ三つで駆動する 3 軸ロボットアームを対象として，逆運動学にもとづきアーム先端位置を制御する場合の概要を表している．右側にはロボットの図を，左側にはコントローラ部を記述している．第 2 章の

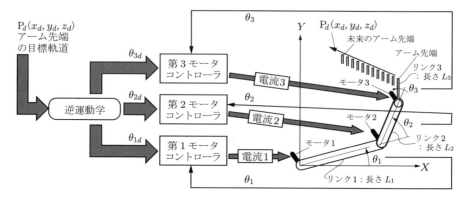

図3.16 3軸ロボットアームのアーム先端位置制御

図2.16（p.21）と対比して考えるとわかりやすいだろう．まず，図3.16の逆運動学のブロックから右向きに出ている θ_{1d}, θ_{2d}, θ_{3d} は，図2.16における目標値 $y_d(s)$ に該当し，これらの変数が逆運動学の主役を担う．また，図3.16にある第1〜第3コントローラは，図2.16における制御部に該当する．そして，電流1〜3は，図2.16において操作量 $u(s)$ に該当する．さらに，各関節角度 θ_1, θ_2, θ_3 が制御量 $y(s)$ に該当する．

さて，図3.16についてくわしく見ていこう．まず，左上に（右上にも）P_d がある．P_d は，アームの先端が動くとき，その**目標軌道（desired trajectory）**上の一つの位置座標を指している．そして，この図の例では，**アーム先端部の姿勢を上向きに保持しつつ，P_d が左上方向に直線的に移動する場合**について示している．

時間の経過とともに，アーム先端の目標位置 x_d, y_d, z_d の値が変化するので，その変化に対応するように，各モータの出力軸の角度 θ_1, θ_2, θ_3 が目標角度 θ_{1d}, θ_{2d}, θ_{3d} になるようにフィードバック制御をする．たとえば，第1モータコントローラ部のみを抜き出してみると，図3.17のように示される．目標角度 θ_{1d} と現在の角度 θ_1 を比較して，操作量となる電流 i_1 をモータに送る．コントローラが適切に制御すれば，そのモータの出力角度 θ_1 が θ_{1d} に一致する．なお，操作量はトルクでもよい（p.66の4.1.3項参照）．

さて，目標角度 θ_{1d} は何度に設定すべきだろうか．この数値を与えなければ，もち

図3.17 モータ1のフィードバック制御系

ろん角度制御ができない．また，θ_{1d} だけではなく，θ_{2d} や θ_{3d} も決めておく必要がある．x_d，y_d を既知としたとき，x_d，y_d は順運動学により θ_1，θ_2，θ_3 で表現できるので，θ_1，θ_2，θ_3 を未知変数とする連立方程式が次のように得られる．

$$
\begin{bmatrix} x_d \\ y_d \\ z_d \\ 1 \end{bmatrix} = \begin{bmatrix} \cos\theta_1 & -\sin\theta_1 & 0 & 0 \\ \sin\theta_1 & \cos\theta_1 & 0 & 0 \\ 0 & 0 & 1 & 0 \\ 0 & 0 & 0 & 1 \end{bmatrix} \begin{bmatrix} \cos\theta_2 & -\sin\theta_2 & 0 & L_1 \\ \sin\theta_2 & \cos\theta_2 & 0 & 0 \\ 0 & 0 & 1 & 0 \\ 0 & 0 & 0 & 1 \end{bmatrix} \begin{bmatrix} L_2 + L_3\cos\theta_3 \\ L_3\sin\theta_3 \\ 0 \\ 1 \end{bmatrix}
$$

$$
= \begin{bmatrix} L_1\cos\theta_1 + L_2\cos(\theta_1+\theta_2) + L_3\cos(\theta_1+\theta_2+\theta_3) \\ L_1\sin\theta_1 + L_2\sin(\theta_1+\theta_2) + L_3\sin(\theta_1+\theta_2+\theta_3) \\ 0 \\ 1 \end{bmatrix} \tag{3.37}
$$

ここで，リンク 1，2，3 の長さをそれぞれ，L_1，L_2，L_3 としている．また，図 3.16 におけるアーム先端の目標姿勢は，アーム先端をつねに上向き，つまり角度の総和を 90 度にしたいので，$\theta_1 + \theta_2 + \theta_3 = \pi/2$ となる．したがって，この式も含めて θ_1，θ_2，θ_3 の値を解き，解いた結果にもとづき，モータ制御用の目標角度 θ_{1d}，θ_{2d}，θ_{3d} を決めることができる．

θ_{1d}，θ_{2d}，θ_{3d} を数式（方程式の厳密解）として導くことができるように設計段階から製作された産業用ロボットであれば，その数式をロボットアーム制御に用いればよい．しかし，ロボットの形態が多様化する中，厳密解を導くことができないロボットもあり，それについては，別の方法で目標角度 θ_{1d}，θ_{2d}，θ_{3d} を導く必要がある．扱う方程式も三角関数を含む複雑な連立方程式であるので，あらゆる場合に対応できる逆運動学の課題解決方法があれば便利である．

そのような方法の一つとして，ロボットの中にあるコンピュータを利用する手段がある．そうすれば，厳密解が得られない場合でも，得られた連立非線形方程式を数値計算で近似的に解くことができる．しかし，ロボット制御用のコンピュータに，数値解析を高速演算できるワークステーション級の性能を期待するわけにはいかないので，演算負荷がなるべく軽い方法が望まれる．また，数値計算で解が見つけられなかった場合は，目標角度 θ_{1d}，θ_{2d}，θ_{3d} を決められないので，制御系がうまく機能せずロボットアームが暴れかねない．

そこで，ロボットの制御が，時間を刻むディジタル制御で行われていることを前提に，角度（θ_1 など）を微小時間 Δt で動く微小変化量（$\Delta\theta_1$ など）ととらえて求める．

たとえば，1 ミリ秒の間で変化するロボットアームの各関節角度を考えると，その角度の変化量はきわめて小さい．また，1 ミリ秒間で進むアーム先端の移動距離も微小である．瞬時の間では，ほとんど回転しないし移動もしない．つまり，複雑な非線形

関数は線形関数に近似でき，連立方程式を解きやすくなり，演算負荷も軽くすることができる．以下で述べるヤコビ行列を用いた逆運動学では，このことを利用している．

●**3.4.2 ヤコビ行列**

この項ではまず，ロボット工学を学ぶうえで重要な**ヤコビ行列**（Jacobian matrix）について学ぶ．なお，ヤコビ行列は**ヤコビアン**とよばれることもある．

ヤコビ行列とは，簡単にいえば関数の傾きである．このことを理解するために，少し高校数学にもとづいて説明する．前項のとおり，コンピュータ制御されるロボットでは，瞬時で変化する微小な角度 θ や位置 y の変化を考えればよいので，まず，図 3.18 に示す非線形関数 $y(\theta)$ について，変化が微小である場合を考えよう．つまり，$\Delta\theta$ や Δy は微小値である．導関数（微分）の定義に従い，図 3.18 の $\Delta\theta$ を 0 に漸近することで，式 (3.38) が得られる．

$$\Delta y = \lim_{\Delta\theta \to 0} \frac{y(\theta + \Delta\theta) - y(\theta)}{(\theta + \Delta\theta) - \theta} \cdot \Delta\theta$$
$$\Delta y = y'(\theta)\,\Delta\theta \tag{3.38}$$

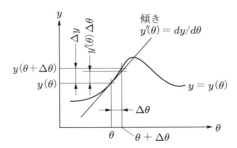

図 3.18 非線形関数における一次近似

この近似表現において，$y'(\theta)$ は関数の傾きであり，$y'(\theta) = dy/d\theta$ である．そして，この $dy/d\theta$ がヤコビ行列である（1×1 行列として）．

では，式 (3.38) を 3 変数に拡張しよう．拡張した結果が次の 2 式である．

$$\begin{bmatrix} \Delta y_1 \\ \Delta y_2 \\ \Delta y_3 \end{bmatrix} = \begin{bmatrix} \partial y_1/\partial\theta_1 & \partial y_1/\partial\theta_2 & \partial y_1/\partial\theta_3 \\ \partial y_2/\partial\theta_1 & \partial y_2/\partial\theta_2 & \partial y_2/\partial\theta_3 \\ \partial y_3/\partial\theta_1 & \partial y_3/\partial\theta_2 & \partial y_3/\partial\theta_3 \end{bmatrix} \begin{bmatrix} \Delta\theta_1 \\ \Delta\theta_2 \\ \Delta\theta_3 \end{bmatrix} \tag{3.39}$$

$$\Delta \boldsymbol{y} = \boldsymbol{J}\,\Delta\boldsymbol{\theta} \tag{3.40}$$

これら両式は，表記が異なるだけで同じ内容である．式 (3.38) と同様に，$\boldsymbol{y} = \boldsymbol{y}(\boldsymbol{\theta})$

3.4 逆運動学 **53**

を時間微分することで求められる.

式 (3.40) の中にある J がヤコビ行列である. 偏微分を用いているので, 未習の学生には難しいかもしれないが, 数学の科目で学ぶまでは, $\partial y_1/\partial \theta_1$ は単に関数の傾きを表現しているにすぎず, J についても単に傾きの集まりを行列として表現しているだけと解釈しておいてほしい. なお, $y_1(\theta_1, \theta_2, \theta_3)$ を θ_1 で偏微分する場合は, 関数 $y_1(\theta_1, \theta_2, \theta_3)$ 内の θ_2, θ_3 を定数扱いし, θ_1 のみを変数扱いして θ_1 に対してだけ微分すればよい. ∂ は「ラウンド」と読む.

式 (3.39) の両辺を, ディジタル制御の離散時間の時間間隔 Δt で割ると, 次式が得られる. これも重要な式である. 左辺は速度を, 右辺右の行列は角速度を表している.

$$\begin{bmatrix} \Delta y_1/\Delta t \\ \Delta y_2/\Delta t \\ \Delta y_3/\Delta t \end{bmatrix} = \begin{bmatrix} \partial y_1/\partial \theta_1 & \partial y_1/\partial \theta_2 & \partial y_1/\partial \theta_3 \\ \partial y_2/\partial \theta_1 & \partial y_2/\partial \theta_2 & \partial y_2/\partial \theta_3 \\ \partial y_3/\partial \theta_1 & \partial y_3/\partial \theta_2 & \partial y_3/\partial \theta_3 \end{bmatrix} \begin{bmatrix} \Delta \theta_1/\Delta t \\ \Delta \theta_2/\Delta t \\ \Delta \theta_3/\Delta t \end{bmatrix} \tag{3.41}$$

では, 次の例題を通じて, 具体的にヤコビ行列を求めてみよう.

例題3.5 ヤコビ行列の導出

図 3.16（p.50）の 3 軸ロボットアームにおいて, 3 関節の角速度と, アーム先端の速度および角速度との関係を示すヤコビ行列を求めよ. ただし, 本例題中, アーム先端の向き α を $\alpha = \theta_1 + \theta_2 + \theta_3$ とし, モータ 1 とモータ 2 の距離を L_1, モータ 2 とモータ 3 の距離を L_2, モータ 3 とアーム先端の距離を L_3 とする.

解答 まず順運動学の結果がいる. p.51 の式 (3.37) を参考に計算を開始する.

$$\begin{bmatrix} x \\ y \\ z \\ 1 \end{bmatrix} = \begin{bmatrix} \cos\theta_1 & -\sin\theta_1 & 0 & 0 \\ \sin\theta_1 & \cos\theta_1 & 0 & 0 \\ 0 & 0 & 1 & 0 \\ 0 & 0 & 0 & 1 \end{bmatrix} \begin{bmatrix} \cos\theta_2 & -\sin\theta_2 & 0 & L_1 \\ \sin\theta_2 & \cos\theta_2 & 0 & 0 \\ 0 & 0 & 1 & 0 \\ 0 & 0 & 0 & 1 \end{bmatrix} \begin{bmatrix} L_2 + L_3\cos\theta_3 \\ L_3\sin\theta_3 \\ 0 \\ 1 \end{bmatrix}$$

$$= \begin{bmatrix} \cos(\theta_1+\theta_2) & -\sin(\theta_1+\theta_2) & 0 & L_1\cos\theta_1 \\ \sin(\theta_1+\theta_2) & \cos(\theta_1+\theta_2) & 0 & L_1\sin\theta_1 \\ 0 & 0 & 1 & 0 \\ 0 & 0 & 0 & 1 \end{bmatrix} \begin{bmatrix} L_2 + L_3\cos\theta_3 \\ L_3\sin\theta_3 \\ 0 \\ 1 \end{bmatrix}$$

$$= \begin{bmatrix} L_1\cos\theta_1 + L_2\cos(\theta_1+\theta_2) + L_3\cos(\theta_1+\theta_2+\theta_3) \\ L_1\sin\theta_1 + L_2\sin(\theta_1+\theta_2) + L_3\sin(\theta_1+\theta_2+\theta_3) \\ 0 \\ 1 \end{bmatrix} \tag{3.42}$$

ここで, $z = 0$ から, アーム先端は平面運動しかしていないことがわかる. 平面運動は XY 方向への並進運動（2 自由度）と Z 軸回りの回転運動（1 自由度）の計 3 自由度があ

54　第3章　ロボットアームの運動学

り，この例題で使用しているモータ数も3個であることから，このロボットアームのアーム先端の角度は自在にコントロールできると考えて式を立てることになる．

つまり，式 (3.42) と α の式にもとづいて，次式を得る．

$$\begin{bmatrix} x \\ y \\ \alpha \end{bmatrix} = \begin{bmatrix} L_1 \cos\theta_1 + L_2 \cos(\theta_1 + \theta_2) + L_3 \cos(\theta_1 + \theta_2 + \theta_3) \\ L_1 \sin\theta_1 + L_2 \sin(\theta_1 + \theta_2) + L_3 \sin(\theta_1 + \theta_2 + \theta_3) \\ \theta_1 + \theta_2 + \theta_3 \end{bmatrix} \tag{3.43}$$

式 (3.43) の各行の式を時間で微分する．この式には θ_1，θ_2，θ_3 の3変数が含まれているので，次のように微分される†．

$$\frac{dx}{dt} = \frac{\partial x}{\partial \theta_1}\frac{d\theta_1}{dt} + \frac{\partial x}{\partial \theta_2}\frac{d\theta_2}{dt} + \frac{\partial x}{\partial \theta_3}\frac{d\theta_3}{dt} \tag{3.44}$$

$$\frac{dy}{dt} = \frac{\partial y}{\partial \theta_1}\frac{d\theta_1}{dt} + \frac{\partial y}{\partial \theta_2}\frac{d\theta_2}{dt} + \frac{\partial y}{\partial \theta_3}\frac{d\theta_3}{dt} \tag{3.45}$$

$$\frac{d\alpha}{dt} = \frac{\partial \alpha}{\partial \theta_1}\frac{d\theta_1}{dt} + \frac{\partial \alpha}{\partial \theta_2}\frac{d\theta_2}{dt} + \frac{\partial \alpha}{\partial \theta_3}\frac{d\theta_3}{dt} \tag{3.46}$$

つまり，アーム先端の速度と角速度は，

$$\begin{bmatrix} dx/dt \\ dy/dt \\ d\alpha/dt \end{bmatrix} = \begin{bmatrix} \partial x/\partial\theta_1 & \partial x/\partial\theta_2 & \partial x/\partial\theta_3 \\ \partial y/\partial\theta_1 & \partial y/\partial\theta_2 & \partial y/\partial\theta_3 \\ \partial\alpha/\partial\theta_1 & \partial\alpha/\partial\theta_2 & \partial\alpha/\partial\theta_3 \end{bmatrix} \begin{bmatrix} d\theta_1/dt \\ d\theta_2/dt \\ d\theta_3/dt \end{bmatrix} \tag{3.47}$$

または，

$$\dot{\boldsymbol{X}} = \boldsymbol{J}\dot{\boldsymbol{\theta}}, \quad \boldsymbol{X} = [x, y, \alpha]^T, \quad \boldsymbol{\theta} = [\theta_1, \theta_2, \theta_3]^T \tag{3.48}$$

で表現される．したがって，ヤコビ行列 $\boldsymbol{J}$ は次の式 (3.49) で，各要素は式 (3.50)〜(3.58) で表現される．

$$\boldsymbol{J} = \begin{bmatrix} J_{11} & J_{12} & J_{13} \\ J_{21} & J_{22} & J_{23} \\ J_{31} & J_{32} & J_{33} \end{bmatrix} = \begin{bmatrix} \partial x/\partial\theta_1 & \partial x/\partial\theta_2 & \partial x/\partial\theta_3 \\ \partial y/\partial\theta_1 & \partial y/\partial\theta_2 & \partial y/\partial\theta_3 \\ \partial\alpha/\partial\theta_1 & \partial\alpha/\partial\theta_2 & \partial\alpha/\partial\theta_3 \end{bmatrix} \tag{3.49}$$

$$J_{11} = \frac{\partial x}{\partial \theta_1} = -L_1 \sin\theta_1 - L_2 \sin(\theta_1 + \theta_2) - L_3 \sin(\theta_1 + \theta_2 + \theta_3) \tag{3.50}$$

---

†　大学数学（微分積分学）の基本性質の一つ．複数の変数を含む関数（多変数関数）を時間微分する場合，全微分（total differentiation）という計算をする．しかし，難しく考えずに，たとえば式 (3.44) については，

「x の微小変化量」＝「傾き定数」×「θ_1 の微小変化量」＋「傾き定数」×「θ_2 の微小変化量」
＋「傾き定数」×「θ_3 の微小変化量」

として求められることを表現しているだけと思えばよい．

$$J_{12} = \frac{\partial x}{\partial \theta_2} = -L_2 \sin(\theta_1 + \theta_2) - L_3 \sin(\theta_1 + \theta_2 + \theta_3) \tag{3.51}$$

$$J_{13} = \frac{\partial x}{\partial \theta_3} = -L_3 \sin(\theta_1 + \theta_2 + \theta_3) \tag{3.52}$$

$$J_{21} = \frac{\partial y}{\partial \theta_1} = L_1 \cos\theta_1 + L_2 \cos(\theta_1 + \theta_2) + L_3 \cos(\theta_1 + \theta_2 + \theta_3) \tag{3.53}$$

$$J_{22} = \frac{\partial y}{\partial \theta_2} = L_2 \cos(\theta_1 + \theta_2) + L_3 \cos(\theta_1 + \theta_2 + \theta_3) \tag{3.54}$$

$$J_{23} = \frac{\partial y}{\partial \theta_3} = L_3 \cos(\theta_1 + \theta_2 + \theta_3) \tag{3.55}$$

$$J_{31} = \frac{\partial \alpha}{\partial \theta_1} = 1 \tag{3.56}$$

$$J_{32} = \frac{\partial \alpha}{\partial \theta_2} = 1 \tag{3.57}$$

$$J_{33} = \frac{\partial \alpha}{\partial \theta_3} = 1 \tag{3.58}$$

●3.4.3　逆運動学によるアーム先端の軌道制御

　この項では，ヤコビ行列を用いた逆運動学について述べる．p.50 で示した図 3.16 の 3 軸アームにもとづいて具体的に例示する．

　ロボットのアーム先端位置の軌道にもとづき，各モータ系に指令として送る目標角度を求める．式 (3.43) の連立非線形方程式から θ_1，θ_2，θ_3 を導くのは困難であるので，ヤコビ行列を活用して，ごく短い時間で動く分だけを考えて，そのタイムステップ後の θ_1，θ_2，θ_3 を導き出す．

　図 3.19 に示すように，x_{ini}，y_{ini} をアーム先端の初期位置，α_{ini} を初期姿勢（アーム先端の向き＝角度）とし，x_{fin}，y_{fin} を最終位置，α_{fin} を最終姿勢とする．そして，その途中経路を N 分割する（以下では N 等分しているが，実際には等分しないことが多い）．その後，$(x_{\mathrm{ini}}, y_{\mathrm{ini}}, \alpha_{\mathrm{ini}})$ を初期状態 ($n=0$) として，最終状態 ($n=N$) まで順次番号を割り振る．$n=j$ ($j=0, 1, \ldots, N-1$) の位置および姿勢と，その次のタイムステップの位置および姿勢の差をとることで，Δx，Δy，$\Delta \alpha$ が式 (3.59)〜(3.61) のように得られる．変数 x，y，α の括弧内には n が何番目の変数かを示している．

$$\Delta x = x(j+1) - x(j) = \frac{x_{\mathrm{fin}} - x_{\mathrm{ini}}}{N} \tag{3.59}$$

$$\Delta y = y(j+1) - y(j) = \frac{y_{\mathrm{fin}} - y_{\mathrm{ini}}}{N} \tag{3.60}$$

$$\Delta \alpha = \alpha(j+1) - \alpha(j) = \frac{\alpha_{\mathrm{fin}} - \alpha_{\mathrm{ini}}}{N} \tag{3.61}$$

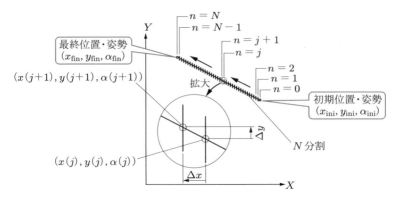

図 3.19　アーム先端軌跡の N 分割

一方，式 (3.47) を時間的に離散化（$d \to \Delta$）すると，次式が得られる．

$$\begin{bmatrix} \Delta x/\Delta t \\ \Delta y/\Delta t \\ \Delta \alpha/\Delta t \end{bmatrix} = \begin{bmatrix} \partial x/\partial \theta_1 & \partial x/\partial \theta_2 & \partial x/\partial \theta_3 \\ \partial y/\partial \theta_1 & \partial y/\partial \theta_2 & \partial y/\partial \theta_3 \\ \partial \alpha/\partial \theta_1 & \partial \alpha/\partial \theta_2 & \partial \alpha/\partial \theta_3 \end{bmatrix} \begin{bmatrix} \Delta \theta_1/\Delta t \\ \Delta \theta_2/\Delta t \\ \Delta \theta_3/\Delta t \end{bmatrix} \quad (3.62)$$

ヤコビ行列に逆行列が存在するとき，両辺左側からその逆行列を掛け，さらに Δt を両辺に掛けて，右辺と左辺を入れ替えれば，次式が得られる．

$$\begin{bmatrix} \Delta \theta_1 \\ \Delta \theta_2 \\ \Delta \theta_3 \end{bmatrix} = \begin{bmatrix} \partial x/\partial \theta_1 & \partial x/\partial \theta_2 & \partial x/\partial \theta_3 \\ \partial y/\partial \theta_1 & \partial y/\partial \theta_2 & \partial y/\partial \theta_3 \\ \partial \alpha/\partial \theta_1 & \partial \alpha/\partial \theta_2 & \partial \alpha/\partial \theta_3 \end{bmatrix}^{-1} \begin{bmatrix} \Delta x \\ \Delta y \\ \Delta \alpha \end{bmatrix} \quad (3.63)$$

$\Delta \theta_1 = \theta_1(j+1) - \theta_1(j)$ などより，$n = j+1$ 番目の各角度は次式で得られる．

$$\begin{bmatrix} \theta_1(j+1) \\ \theta_2(j+1) \\ \theta_3(j+1) \end{bmatrix} = \begin{bmatrix} \theta_1(j) \\ \theta_2(j) \\ \theta_3(j) \end{bmatrix} + \begin{bmatrix} \partial x/\partial \theta_1 & \partial x/\partial \theta_2 & \partial x/\partial \theta_3 \\ \partial y/\partial \theta_1 & \partial y/\partial \theta_2 & \partial y/\partial \theta_3 \\ \partial \alpha/\partial \theta_1 & \partial \alpha/\partial \theta_2 & \partial \alpha/\partial \theta_3 \end{bmatrix}^{-1} \begin{bmatrix} \Delta x \\ \Delta y \\ \Delta \alpha \end{bmatrix}$$
(3.64)

この式 (3.64) は $n = j$ の状態にもとづき，$n = j+1$ の理想状態を指し示している．$n = 0$ から $n = N$ まで，アーム先端位置の変化に合わせて θ_1，θ_2，θ_3 を計算することで，各モータに送るべき指令角度 θ_{1d}，θ_{2d}，θ_{3d} を決定できる．また，式 (3.64) の漸化式を見ると，初期値 $\theta_1(0)$，$\theta_2(0)$，$\theta_3(0)$ が必要なように思えるが，ロボットの電源投入時における θ_1，θ_2，θ_3 と x，y，α の関係は既知であり，電源投入時の状態を初期状態と解釈すればよい．

式 (3.64) の計算において，ヤコビ行列とその逆行列は n が更新されるたびに算出しなければならない．この算出はロボットに搭載されたコンピュータ内で行われる．ヤコビ行列の各要素の値を算出する演算負荷は小さいが，その逆行列の算出は，場合によっては高負荷となる．たとえば，7 自由度の人の腕を再現したロボットアームであれば，6×7 行列となるため，手計算で逆行列は求められず，数値計算でも高負荷となる．数値計算においても，収束性が保証された手法（直接法など）を用いることが望まれる．また，ロボットの関節が特定の条件下にあるとき，逆行列をもたなくなり，その状態を**特異姿勢**（singular configuration）とよぶ．アームが伸びきった状態，縮みきった状態に生じやすく，実用時には特異姿勢を避けて先端軌道を定めなければならない．過去，開発された二足歩行ロボットの多くが，直立時ひざ関節をやや曲げているのも，特異姿勢を避けるためである．

では，具体的に逆運動学の問題を扱ってみよう．

例題3.6 2 自由度ロボットアームを対象とした逆運動学問題

図 3.20 の 2 自由度ロボットアームで，アーム先端に目標軌道を描かせよう．

図 3.20 のアーム先端位置を，$(x, y) = (L_2, L_e)$ から X 軸に平行に左へ直線的に移動させる方法について述べよ．

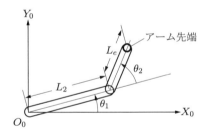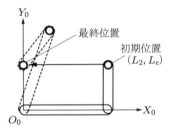

図 3.20 2 自由度ロボットアームにおけるアーム先端の動き

解答 順運動学により，式 (3.26) のようにアーム先端位置が得られる．

$$\begin{bmatrix} x \\ y \\ z \\ 1 \end{bmatrix} = \begin{bmatrix} L_2 \cos\theta_1 + L_e \cos(\theta_1 + \theta_2) \\ L_2 \sin\theta_1 + L_e \sin(\theta_1 + \theta_2) \\ 0 \\ 1 \end{bmatrix} \tag{3.26 再}$$

2 自由度系であるため，モータは二つ必要で，θ_1 と θ_2 に対する目標モータ角度 θ_{1d} と θ_{2d} を求めることが本例題の目的となる．この問題では，位置座標 x，y と角度 θ_1，θ_2 の関係が重要であるため，式 (3.26) の x，y について，θ_1，θ_2 を介して x，y を時間で微分した次式からヤコビ行列を求める．

58 第3章　ロボットアームの運動学

$$\begin{bmatrix} dx/dt \\ dy/dt \end{bmatrix} = \begin{bmatrix} \partial x/\partial\theta_1 & \partial x/\partial\theta_2 \\ \partial y/\partial\theta_1 & \partial y/\partial\theta_2 \end{bmatrix} \begin{bmatrix} d\theta_1/dt \\ d\theta_2/dt \end{bmatrix} \tag{3.65}$$

ヤコビ行列の各要素は，次式で得られる．

$$J_{11} = \frac{\partial x}{\partial\theta_1} = -L_2 \sin\theta_1 - L_e \sin(\theta_1 + \theta_2) \tag{3.66}$$

$$J_{12} = \frac{\partial x}{\partial\theta_2} = -L_e \sin(\theta_1 + \theta_2) \tag{3.67}$$

$$J_{21} = \frac{\partial y}{\partial\theta_1} = L_2 \cos\theta_1 + L_e \cos(\theta_1 + \theta_2) \tag{3.68}$$

$$J_{22} = \frac{\partial y}{\partial\theta_2} = L_e \cos(\theta_1 + \theta_2) \tag{3.69}$$

式 (3.65) を時間的に離散化し，両辺に Δt を掛けて，$\theta_1(j+1)$ と $\theta_2(j+1)$ を求める式は式 (3.70) として求めることができる．ヤコビ行列の逆行列を $\boldsymbol{A}$ とすると，各要素は式 (3.72)〜(3.75) で求められる．

$$\begin{bmatrix} \theta_1(j+1) \\ \theta_2(j+1) \end{bmatrix} = \begin{bmatrix} \theta_1(j) \\ \theta_2(j) \end{bmatrix} + \begin{bmatrix} J_{11} & J_{12} \\ J_{21} & J_{22} \end{bmatrix}^{-1} \begin{bmatrix} \Delta x \\ \Delta y \end{bmatrix} \tag{3.70}$$

$$\boldsymbol{A} = \begin{bmatrix} A_{11} & A_{12} \\ A_{21} & A_{22} \end{bmatrix} = \begin{bmatrix} J_{11} & J_{12} \\ J_{21} & J_{22} \end{bmatrix}^{-1} = \boldsymbol{J}^{-1} \tag{3.71}$$

$$A_{11} = \frac{\cos(\theta_1 + \theta_2)}{L_2 \sin\theta_2} \tag{3.72}$$

$$A_{12} = \frac{\sin(\theta_1 + \theta_2)}{L_2 \sin\theta_2} \tag{3.73}$$

$$A_{21} = -\frac{L_2 \cos\theta_1 + L_e \cos(\theta_1 + \theta_2)}{L_2 L_e \sin\theta_2} \tag{3.74}$$

$$A_{22} = -\frac{L_2 \sin\theta_1 + L_e \sin(\theta_1 + \theta_2)}{L_2 L_e \sin\theta_2} \tag{3.75}$$

ここで，ヤコビ行列の行列式 $|\boldsymbol{J}| = L_2 L_e \sin\theta_2$ が 0 になるのは，$\theta_2 = 0$，π になるときであるとわかる．そのように二つの関節とアーム先端が一直線上にあるときは特異姿勢であり，逆運動学によってモータ制御の目標角度を求めることはできない．よって，$\theta_2 = 0$，π の場合を実用時運用できない条件として除かなければならない．

さて，この例題ではアーム先端が，X_0 軸に平行に動くことに注目しよう．つまり，$\Delta y = 0$ なので，角度の漸化式 (3.70) は次のようになる．

$$\begin{bmatrix} \theta_1(j+1) \\ \theta_2(j+1) \end{bmatrix} = \begin{bmatrix} \theta_1(j) \\ \theta_2(j) \end{bmatrix} + \begin{bmatrix} A_{11} & A_{12} \\ A_{21} & A_{22} \end{bmatrix} \begin{bmatrix} \Delta x \\ 0 \end{bmatrix} \tag{3.76}$$

展開することで，次のように得られる．

$$\theta_1(j+1) = \theta_1(j) + \frac{\cos\{\theta_1(j) + \theta_2(j)\}}{L_2 \sin\theta_2(j)} \Delta x \tag{3.77}$$

$$\theta_2(j+1) = \theta_2(j) - \frac{L_2 \cos\theta_1(j) + L_e \cos\{\theta_1(j) + \theta_2(j)\}}{L_2 L_e \sin\theta_2(j)} \Delta x \tag{3.78}$$

ここで，移動経路を N 等分したとすれば，Δx は

$$\Delta x = \frac{x_{\text{fin}} - x_{\text{ini}}}{N} = -\frac{L_2}{N} \tag{3.79}$$

となり，式 (3.77) と式 (3.78) に式 (3.79) を代入することで得られる各モータ角度をモータ目標値とすれば，

$$\theta_{1d}(j+1) = \theta_1(j) - \frac{\cos\{\theta_1(j) + \theta_2(j)\}}{N \sin\theta_2(j)} \tag{3.80}$$

$$\theta_{2d}(j+1) = \theta_2(j) + \frac{L_2 \cos\theta_1(j) + L_e \cos\{\theta_1(j) + \theta_2(j)\}}{N L_e \sin\theta_2(j)} \tag{3.81}$$

が得られる．

式 (3.80) と式 (3.81) について，$n = 0$ のときは $\theta_1(0) = 0$, $\theta_2(0) = \pi/2$ なので，$n = 1$ のときは次式で得られる．

$$\theta_{1d}(1) = 0 \tag{3.82}$$

$$\theta_{2d}(1) = \frac{\pi}{2} + \frac{L_2}{N L_e} \tag{3.83}$$

この二つの角度を $L_2/N L_e$ を微小角度として，式 (3.26) に代入すると，近似的に

$$\begin{bmatrix} x_0(1) \\ y_0(1) \end{bmatrix} = \begin{bmatrix} L_2 - L_2/N \\ L_e \end{bmatrix}$$

として求められるので，目的どおりの挙動を示しているのが確認できる．

なお，アーム先端の初期位置から最終位置まで N 等分したが，実際には，アーム先端の動き出しや停止の手前で分割をより細かく設定する．その分割方法については，次の第 4 章で，モータトルクや外力も考慮に入れたロボットアームについて学んだ後，他書[3.7] [3.8] を参考に学ぶことをお勧めする．

60　第 3 章　ロボットアームの運動学

○章末問題○

3.1 ★　　自由度について説明せよ.

3.2　　テーブルの上におかれたコーヒーカップの自由度はいくらか.

3.3 ★　　ロボットアームに関する冗長自由度の意味とその利点について説明せよ.

3.4 ★★　図 3.3（p.30）における同次変換行列 $^0_1\boldsymbol{T}$, $^1_2\boldsymbol{T}$, $^2_3\boldsymbol{T}$, $^3_4\boldsymbol{T}$, $^4_5\boldsymbol{T}$ を求めよ.

3.5 ★　　p.46 のロール・ピッチ・ヨー座標系の変換行列式 (3.31) において，ロール角とヨー角の回転方向（反時計回り）と，ピッチ角の回転方向（時計回り）は異なっている. その理由を考えて述べよ.

3.6 ★　　図 3.12（p.41）の各角度変化に対応してアーム先端の位置変化を算出できるヤコビ行列を求めよ. ただし，リンク 2 の長さは L_e とする.

3.7 ★　　図 3.13（p.43）の各角度変化に対応するアーム先端の位置変化を算出できるヤコビ行列を求めよ. O_0O_1 間距離は 0 とする.

3.8 ☆☆　図 3.19（p.56）において，初期点から終点までを N 分割している. そのとき，分割した各距離が等しくなるように式 (3.59)〜(3.61) を示したが，本来，このように設定することはない. 実際にロボット制御をする場合の分割方法について考えて述べよ.

3.9 ★★　人の腕は 7 自由度であるが，人の腕の位置変化を算出できるヤコビ行列は 7×7 行列ではなく，6×7 行列になる. その理由を述べよ.

3.10 ☆☆　例題 3.6 を自動化するプログラムを作成せよ.

第4章 ロボットアームの静力学と動力学

本章では，前章では立ち入らなかった力やトルクの求め方を学ぶ．まず，静力学により，ロボットアームがアーム先端でワークを把持して支えるために必要なモータトルクを算出できる．また動力学により，運動の第2法則にもとづき，モータトルクとロボットアームの運動の関係を運動方程式[4.1]として表現できる．以上により，たとえば，ベルトコンベア上の箱をパレット上に積み上げるロボットアームを設計するときに，想定質量の箱を想定速度で移動させるモータを選定できるようになる．また，ロボットアームにおけるアーム先端の位置と姿勢を制御するうえで重要な，シミュレーション検討ができるようになる．この章を学ぶ準備として，第3章で学んだ順運動学とヤコビ行列を十分に理解しておいてほしい．

この章で取り上げるシミュレーションについては，C言語などのプログラミング言語や市販ソフトウェアを用いて体験できるので，読者の学習環境に適した方法で行えばよい．本書のプログラム（C言語）の記述を参考とする場合は，その初歩（変数宣言，分岐，繰り返し，表示）だけは事前に学んでおいてほしい．

この章の目標

- 直流モータ制御系は機械系と電気系に分けて考えられることを理解する．
- 機械系における要求トルクの算出ができるようになる．
- ロボットアームの運動方程式を導く方法を理解して自力で構築できるようになる．
- ロボットアームの運動方程式にもとづくシミュレーションを体験する（→第5章の制御系設計におけるシミュレーション検討にもつながる）．
  ※ロボット工学の基礎理論を学ぶという意味では，本章で運動方程式の導出まで学び，第5章で各制御方法の用途と操作量であるトルクの導出を学ぶ，というように学習目標を絞ってもよい．つまり，4.5節と第5章のプログラムの箇所は，流し読みするにとどめてもよい．

4.1 直流モータ系のモデリング

まず，2.1節と2.2節の復習をする．強力な希土類磁石を用いた永久磁石式直流モータやブラシレスDCモータは，回転と停止が頻繁に切り替わる用途で優れた加速性能

を有するため，ロボット用として適している．モータが配置された関節の角度は，ポテンショメータやロータリーエンコーダで測定される．また，モータトルクは，永久磁石が用いられているモータであれば，モータ電流から簡単にわかる．なぜなら，モータトルクをセンサで計測することは難しい反面，モータ電流をセンサで計測することは容易であり，そのモータ電流にトルク定数を掛ければ，トルクの値を推定できるためである．

さて，**電流フィードバック制御**によって，目標トルクのとおりに回転するモータ制御系が構築できれば，結果として電気系と機械系を切り離すことができ，簡単に扱うことができる．この 4.1 節では，トルクフィードバック（後述の図 4.6）または電流フィードバック（後述の図 4.7）によって，ロボットシステムから電気系が省略できることを理解したうえで，4.2 節以降は機械系のほうに重心をおいて学んでいく．特に，電気系が省略されていることを前提にすれば，4.4 節でトルクが入力として述べられていることに納得できるだろう．

●4.1.1 直流モータの等価回路

直流モータは，モータから出ている 2 本の電線に乾電池をつなげるだけで簡単に回転させることができる．しかし，これだけでは，想定どおりのモータトルクや回転数は得られない．それらを得るために，本項では，直流モータを電気回路に置き換えて，モータの電流と電圧の関係を明確にする．

まず，図 4.1 を見てほしい．この図は直流モータに電池をつなげた場合の簡略化モデルである．磁束密度 B の磁場の中で電池の電圧 e がモータに加わり，モータ内のコイルに電流 i_a が流れると，全長 L のコイルの微小長さ dx のところに力 f が発生してコイルが回転する．この力は，フレミングの左手の法則によって方向が定まり，$f = i_a B\, dx$ として得られる．また，力 f が発生している微小領域と回転中心の距離を r とするとき，rf をコイルの全長分で足し合わせることで，**モータトルク** τ が $\tau = i_a BrL$ で得られる．

トルク τ が加わり続けると，モータは回転する．その角速度が $\dot{\theta}$ であれば，コイル

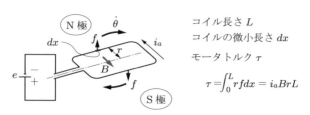

図 4.1 直流モータにおけるモータトルクの算出法

に発生する逆起電力 e_v は，$e_v = BrL\dot{\theta}$ として求められる．**トルク定数** k_t，**逆起電力定数** k_v を用いて，モータトルク τ と**逆起電力** e_v は，それぞれ次のように定式化できる．

$$\tau = k_t i_a \tag{4.1}$$

$$e_v = k_v \dot{\theta} \tag{4.2}$$

ここで，$k_t = k_v = BrL$ となっており，k_t，k_v は理論上同じ値である．

> ☑ 回転数の増大とともに大きくなる逆起電力は，フレミングの右手の法則（親指＝角速度，人差し指＝磁束，中指＝逆起電力）にあてはめればわかるとおり，電流 i_a を流れにくくする向きに発生する．

モータ内部のコイルは，インダクタンス L_a と抵抗 R_a の直列回路として置き換えることができる[4.2]．また，逆起電力 e_v は $\dot{\theta}$ によって起電力が変わる電源に置き換えることができる．その結果，モータは図 4.2 の右側の電気回路で表現できる．微分方程式では，次の式で表現される．

$$e = e_v + R_a i_a + L_a \frac{di_a}{dt} \tag{4.3}$$

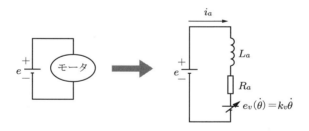

図 4.2　直流モータの等価回路

●4.1.2　1 自由度ロボットアームのモデリング

本項では，前項で得られた電気系と 1 自由度ロボットアームの機械系を結合して，モータ電圧 e とロボットアームの関節角度 θ の関係を明確にする．まず，電流に関する式 (4.3) の微分方程式をラプラス変換する．ラプラス演算子 s を用いて，次式に変換できる．

$$e(s) = e_v(s) + R_a i_a(s) + L_a i_a(s) s \tag{4.4}$$

つまり，

$$i_a(s) = \frac{e(s) - e_v(s)}{R_a + L_a s} \tag{4.5}$$

となる．e_v の時間変化が著しく小さい場合は，電圧 e の変化に応じて，電流 i_a は，電気系時定数 $T_E = L_a/R_a$ に従って変化する．モータトルクは，式 (4.1) と式 (4.5) より

$$\tau(s) = \frac{k_t}{R_a + L_a s}\{e(s) - e_v(s)\} \tag{4.6}$$

のように求めることができ，この式 (4.6) は，電圧 e と電流 i_a にもとづくモータトルク τ との関係を指し示した**電気系モデル**である．

図 4.3 に示す 1 自由度系を考えてみる．モータの出力軸は，ロボットアームの関節につながっている．したがって，慣性モーメントを $I\,(=mL^2)$，外力に応じて決まる負荷トルクを $\tau_L\,(=-F_L L\sin\theta$：外力 F_L を X_0 軸に平行に加えた場合の一例)，モータ軸の粘性摩擦係数を D とすれば，このロボットアームの**機械系モデル**について，式 (4.7) の運動方程式が得られる．

$$I\ddot{\theta} + D\dot{\theta} = \tau + \tau_L \tag{4.7}$$

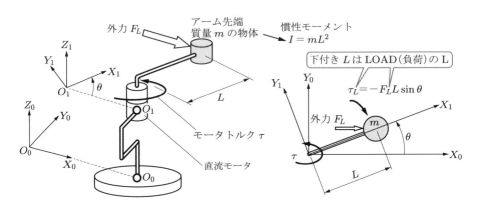

図 4.3 1 自由度ロボットアームと直流モータのシステム

この式もラプラス変換して整理すると，式 (4.8) が得られる．

$$\theta(s) = \frac{1}{(Is+D)s}\{\tau(s) + \tau_L(s)\} \tag{4.8}$$

式 (4.6) はブロック線図で表現すれば，図 4.4 の左上になり，式 (4.8) については右上になる．モータトルク τ と角速度 $\dot{\theta}$ の信号線を接続することで，図 4.4 の下で表現されるモータシステムのブロック線図を描くことができる．このブロック線図を式で

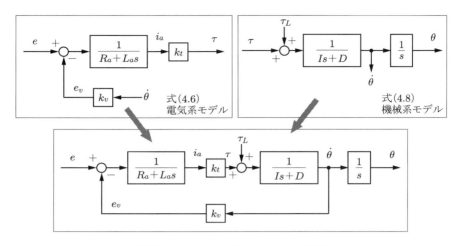

図 4.4 モータシステムのブロック線図

表せば，次のようになる．

$$\theta(s) = \frac{k_t}{(R_a+L_as)(Is+D)s+k_tk_vs}e(s) + \frac{1}{(Is+D)s}\tau_L(s) \quad (4.9)$$

電気系モデルの時定数 T_E の数値のオーダーが機械系時定数（例題 4.1 参照）と比較して十分小さければ，$L_a=0$ としてモデリングしても精度のよいシミュレーションが可能であり，また，$L_a=0$ として制御系設計しても想定外の挙動を示すことはない．

例題4.1　モータの理論的特性について

図 4.4 において，$L_a=0$ と近似できるための条件式を導け．

[解答] $L_a=0$ にして，外力によって生じる負荷トルクを除外してブロック線図を描くと図 4.5 になる．

入力を電圧 e，出力を角速度 $\dot{\theta}$ として伝達関数を求めると，式 (4.10) が得られる．

$$\frac{\dot{\theta}}{e} = \frac{k_t}{R_aIs + R_aD + k_tk_v} \quad (4.10)$$

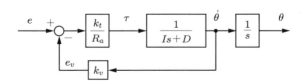

図 4.5 $L_a=0$ に近似したモータ負荷システムのブロック線図

この系は一次遅れ系であるため，時定数が重要な意味をもつ．なぜなら，

$$T_M = \frac{R_a I}{R_a D + k_t k_v} \tag{4.11}$$

で得られる時定数 T_M が前述の機械系時定数であり，電気系時定数 T_E が T_M との比較で十分に小さいとき，$L_a = 0$ として近似できるからである．

つまり，

$$\frac{L_a}{R_a} \ll \frac{R_a I}{R_a D + k_t k_v} \tag{4.12}$$

を満たすとき，式 (4.6) において $L_a = 0$ として近似でき，図 4.4 の電気系モデルが定数 k_t/R_a のみになり，大幅に簡素化できる．たとえば，モータのインダクタンス L_a が十分に小さい場合や，ロボットアームの慣性モーメント I が十分に大きいときは，近似可能の条件を満たしやすい．

● 4.1.3 トルク指令型直流モータ

図 4.4 のブロック線図からわかるように，本来ならモータの入力信号は電圧 e であるが，ロボット工学においてロボットアームを対象とするとき，対象系への入力信号がトルク τ や電流 i_a で扱われることが多い．そして，それはトルクまたは電流をフィードバック制御することで実現できる（マイナーループとよばれる閉ループ系を構築して，ロボットの操作部の特性を改善する）．

図 4.4 の左上の電気系モデルでは，電圧入力，モータトルク出力となっている．そのモータトルク信号をフィードバックしてモータ電圧 e を操作量とする**トルク制御器**を挿入すると，図 4.6 のようになる．なお，e_v は角速度 $\dot{\theta}$ の影響を受けて緩やかに変化するので，外乱として扱うことにする．この図 4.6 の制御系はトルク制御器が適切に作られていれば，定常状態で $\tau = \tau_d$ が成り立つ．

また，図 4.7 のように電流信号を取得して**電流制御器**でフィードバック制御してもよい．むしろ，電流信号を用いた場合のほうが高価な**トルクセンサ**を使わなくて済むので，この電流フィードバック系のほうがよく採用される．

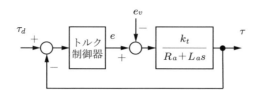

図 4.6 トルク制御系のブロック線図（トルクマイナーループ）

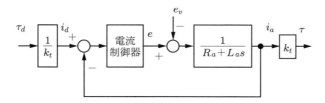

図 4.7　電流制御系のブロック線図（電流マイナーループ）

ここで示した各制御系が，$\tau = \tau_d$ または $i_a = i_d$ を保つのなら，図 4.4 のモータシステムの入力をトルクに変更することができる．つまり，図の右上の機械系モデルだけで表現できるので，ロボットのモデリングをする場合もトルクを入力とする機械システムのみを対象に行えばよい．以下ではおもに機械系について説明する．

> ☑ 以上のように，$L_a = 0$ と近似するか，電流フィードバックによって $\tau = \tau_d$ にすれば，図 4.4 の電気系モデルは省略できる．

4.2　ロボットアームの先端に掛かる外力に対抗するトルク

ロボットアームの先端は，ワークの把持，加工品の研磨など，用途に応じて外部の物と接触する．たとえば，ロボットの近くにあるワークをアームが把持して上に持ち上げたとき，その箱の重さが既知であっても，持ち上げるために必要なモータトルクはすぐにはわからない．しかし，静力学を用いることによって，そのワークの重さに等価なモータトルクを簡単に算出できる．本節では，**静力学**を用いたトルクの算出方法を学ぼう．

● 4.2.1　1 自由度の場合

(1)　簡易なトルク算出法

トルク τ は，掛かっている力 F と，その力点と回転軸までの距離 L の積 $\tau = FL$ で求められる．たとえば，p.64 の図 4.3 のようにロボットアームが 1 自由度で，アーム先端に外力 F_L が X_0 軸に平行に加わった場合，リンクの回転を直接阻害する力は $F_L \sin\theta$ であり，それにリンク長さ L を掛けることで，トルクは $F_L L \sin\theta$ と算出できる．図 4.3 では時計回りのトルクは負であるため，負荷トルク τ_L は $-F_L L \sin\theta$ になる．

(2)　一般力学のトルク算出法

次に，一般力学を用いてトルクを考えてみよう．ワールド座標系から見た外力を $^0\boldsymbol{F}_L$

68　第 4 章　ロボットアームの静力学と動力学

とすると，図 4.3 の例では $^0\boldsymbol{F}_L = [F_L, 0, 0]^T$ となる（$\boldsymbol{F}_L$ の左上の番号 0 がワールド座標系を表している）．また，リンク基準のローカル座標系から見た外力を $^1\boldsymbol{F}_L$ とすれば，$^1\boldsymbol{F}_L = {}^1_0\boldsymbol{R}\,{}^0\boldsymbol{F}_L$ で得られる．$^1\boldsymbol{F}_L$ の各要素は，次式で算出される．なお，$^1_0\boldsymbol{R}$ は 3.3 節（p.35）で扱った回転変換行列 $^0_1\boldsymbol{R}$ の逆行列（転置行列でも同じ）である．

$$^1\boldsymbol{F}_L = \begin{bmatrix} \cos\theta & \sin\theta & 0 \\ -\sin\theta & \cos\theta & 0 \\ 0 & 0 & 1 \end{bmatrix} \begin{bmatrix} F_L \\ 0 \\ 0 \end{bmatrix} = \begin{bmatrix} F_L\cos\theta \\ -F_L\sin\theta \\ 0 \end{bmatrix} \tag{4.13}$$

　トルクは，回転中心から力点に向けた位置ベクトルと力ベクトルの外積で求められる．つまり，ローカル座標系から見た力点の位置ベクトルを $^1\boldsymbol{P} = [L, 0, 0]^T$ とすると，$^1\boldsymbol{\tau}_L = {}^1\boldsymbol{P} \times {}^1\boldsymbol{F}_L$ で定義される．なお，変数記号 $\boldsymbol{\tau}_L$ の左上に付いている番号 1 は，ローカル座標系の座標番号である．つまり，$^1\boldsymbol{\tau}_L$ は 1 座標系の原点にある関節に掛かる負荷トルクである．

　$^1\boldsymbol{\tau}_L$ の計算結果を次に示す．

$$^1\boldsymbol{\tau}_L = \begin{bmatrix} L \\ 0 \\ 0 \end{bmatrix} \times \begin{bmatrix} F_L\cos\theta \\ -F_L\sin\theta \\ 0 \end{bmatrix} = \begin{bmatrix} 0 \\ 0 \\ -F_L L\sin\theta \end{bmatrix} \tag{4.14}$$

　Z 軸回りに，$\tau_L = -F_L L\sin\theta$ の負荷トルクが掛かっている．このようにベクトルを用いてトルクを計算すれば，回転軸や符号が自ずと定まるので大変便利である．

(3)　ヤコビ行列を用いたトルク算出法

　ロボット工学ではもっともよく用いる方法である．ヤコビ行列 $\boldsymbol{J}$ を用いて $\tau_L = \boldsymbol{J}^T\,{}^0\boldsymbol{F}_L$ で負荷トルクが得られる．(2) と同じく，図 4.3 の例で $x = L\cos\theta$, $y = L\sin\theta$ だから，時間微分して

$$\begin{bmatrix} \dot{x} \\ \dot{y} \\ \dot{z} \end{bmatrix} = \begin{bmatrix} -L\sin\theta \\ L\cos\theta \\ 0 \end{bmatrix} \dot{\theta}$$

が得られ，$\boldsymbol{J}^T = [-L\sin\theta, L\cos\theta, 0]$ を得る．つまり，負荷トルク τ_L は次の式で得られる．

$$\tau_L = \begin{bmatrix} -L\sin\theta & L\cos\theta & 0 \end{bmatrix} \begin{bmatrix} F_L \\ 0 \\ 0 \end{bmatrix} = -F_L L\sin\theta \tag{4.15}$$

ヤコビ行列が既知なら，このようにきわめて簡単にトルクが得られる．

外力 F_L は，一般的にワールド座標系で考えることが多い．なぜなら，ロボットアームの先端部に対して外から何かが接触して外力が加わるためである．式 (4.15) における外力 ${}^0\boldsymbol{F}_L$ も，ワールド座標系から見た外力であるため扱いやすい．

● 4.2.2 多自由度の場合

前項 (3) では，ヤコビ行列 $\boldsymbol{J}$ を用いてトルクを得た．多自由度の場合も，この手段がもっとも適している．図 4.8 の 2 自由度ロボットアームについて，ヤコビ行列 $\boldsymbol{J}$ を求めよう．${}^0_1\boldsymbol{T}\,{}^1_2\boldsymbol{T}$ については，順運動学で求める．p.42 の例題 3.3 が参考となるだろう．

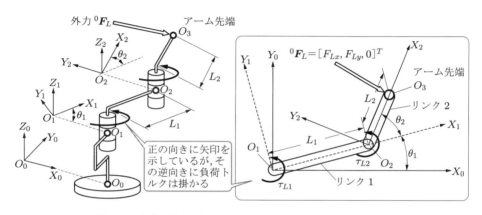

図 4.8 先端に外力が加わったときの 2 自由度ロボットアーム

まず，外力が加わっている点 O_3 をワールド座標系から見てみよう．アーム先端座標を (x_L, y_L, z_L) としたとき，先端座標は次のように得られる．

$$\begin{bmatrix} x_L \\ y_L \\ z_L \\ 1 \end{bmatrix} = {}^0_1\boldsymbol{T}\,{}^1_2\boldsymbol{T} \begin{bmatrix} L_2 \\ 0 \\ 0 \\ 1 \end{bmatrix}$$

$$= \begin{bmatrix} \cos\theta_1 & -\sin\theta_1 & 0 & 0 \\ \sin\theta_1 & \cos\theta_1 & 0 & 0 \\ 0 & 0 & 1 & 0 \\ 0 & 0 & 0 & 1 \end{bmatrix} \begin{bmatrix} \cos\theta_2 & -\sin\theta_2 & 0 & L_1 \\ \sin\theta_2 & \cos\theta_2 & 0 & 0 \\ 0 & 0 & 1 & 0 \\ 0 & 0 & 0 & 1 \end{bmatrix} \begin{bmatrix} L_2 \\ 0 \\ 0 \\ 1 \end{bmatrix}$$

$$= \begin{bmatrix} L_1\cos\theta_1 + L_2\cos(\theta_1+\theta_2) \\ L_1\sin\theta_1 + L_2\sin(\theta_1+\theta_2) \\ 0 \\ 1 \end{bmatrix} \tag{4.16}$$

次に，式 (3.39)（p.52）や式 (3.47)（p.54）を参考に，式 (4.16) にもとづくヤコビ行列を求める．式 (4.16) の x_L, y_L に関して時間微分すれば，次式を得ることができる．ただし，$S_1 = \sin\theta_1$, $C_1 = \cos\theta_1$, $S_{12} = \sin(\theta_1 + \theta_2)$, $C_{12} = \cos(\theta_1 + \theta_2)$ とおく．

$$\begin{bmatrix} \dot{x}_L \\ \dot{y}_L \\ \dot{z}_L \end{bmatrix} = \begin{bmatrix} -L_1 S_1 - L_2 S_{12} & -L_2 S_{12} \\ L_1 C_1 + L_2 C_{12} & L_2 C_{12} \\ 0 & 0 \end{bmatrix} \begin{bmatrix} \dot{\theta}_1 \\ \dot{\theta}_2 \end{bmatrix} \tag{4.17}$$

ここで，式 (4.17) の 3×2 行列がヤコビ行列 J であり，図 4.8 におけるモータトルクに対抗する負荷トルク $\boldsymbol{\tau}_L(\tau_{L1}, \tau_{L2})$ は，式 (4.18) で得られる[4.3][4.4]．式 (4.18) を各要素で表現したのが式 (4.19) である．この式を展開すれば，各関節に取り付けられたモータにとって負担の掛かる負荷トルクとなる．

$$\boldsymbol{\tau}_L = \boldsymbol{J}^T {}^0\boldsymbol{F}_L \tag{4.18}$$

$$\begin{bmatrix} \tau_{L1} \\ \tau_{L2} \end{bmatrix} = \begin{bmatrix} -L_1 S_1 - L_2 S_{12} & L_1 C_1 + L_2 C_{12} & 0 \\ -L_2 S_{12} & L_2 C_{12} & 0 \end{bmatrix} \begin{bmatrix} F_{Lx} \\ F_{Ly} \\ 0 \end{bmatrix} \tag{4.19}$$

例題4.2 外力に対抗するトルクの算出

人が図 4.9 の姿勢で重量 30 N の鋼球を支えている．肘関節は肩関節の真下にあり，肘は直角に曲げている．この姿勢を維持するために，筋肉が作り出さなければならない肘と肩の各トルク τ_1, τ_2 を求めよ．

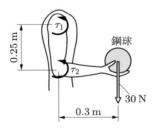

図 4.9　重量 30 N を支えるための肘肩関節の各トルク

解答　図 4.9 のままでは漠然としているので，XY 座標系にあてはめる．第一象限のほうが考えやすいので，図を $90°$ 回転させて，図 4.10 のようにする．その場合，重力方向は X 方向（右向き）となるので，${}^0\boldsymbol{F}_L = [30, 0, 0]^T$ と，30 の数字の位置が X のところに記述される．

肩に掛かる負荷トルクを τ_{L1}，肘に掛かる負荷トルクを τ_{L2} とする．負荷トルク (τ_{L1}, τ_{L2}) と ${}^0\boldsymbol{F}_L = [F_{Lx}, F_{Ly}]^T$ の関係を示す行列は，

4.2 ロボットアームの先端に掛かる外力に対抗するトルク　71

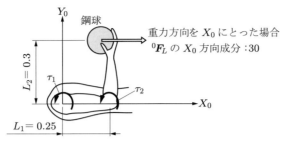

図 4.10 (X_0, Y_0) 座標系にはめ込んだ肘肩関節モデル

$$\boldsymbol{J}^T = \begin{bmatrix} -L_1 S_1 - L_2 S_{12} & L_1 C_1 + L_2 C_{12} \\ -L_2 S_{12} & L_2 C_{12} \end{bmatrix} \tag{4.20}$$

$S_1 = \sin \theta_1 = 0$
$C_1 = \cos \theta_1 = 1$
$S_{12} = \sin(\theta_1 + \theta_2) = 1$
$C_{12} = \cos(\theta_1 + \theta_2) = 0$

なので，$\theta_1 = 0$，$\theta_2 = \pi/2$ を代入して次式を得る．

$$\boldsymbol{J}^T = \begin{bmatrix} -L_2 & L_1 \\ -L_2 & 0 \end{bmatrix} \tag{4.21}$$

つまり，式 (4.18) に各変数値を代入して，次のように τ_{L1} と τ_{L2} が求められる．

$$\begin{bmatrix} \tau_{L1} \\ \tau_{L2} \end{bmatrix} = \begin{bmatrix} -0.3 & -0.25 \\ -0.3 & 0 \end{bmatrix} \begin{bmatrix} 30 \\ 0 \end{bmatrix} = \begin{bmatrix} -9 \\ -9 \end{bmatrix}$$

負荷トルクに打ち勝つトルクを筋肉が作り出せば，鋼球は手のひら上で静止する．つまり，上記の負荷トルクの符号を変えれば，求めるトルクが得られる．したがって，肩では，$\tau_1 = 9$，肘でも $\tau_2 = 9$ と算出され，ともに 9 N·m のトルクを発生していればよい．

✓ 例題 4.2 で $\tau_1 = \tau_2$ にもかかわらず，人が重いものをもつとき，肘関節に強い負荷を感じ，肩関節は楽であるのは，肩を囲う筋肉が強いためである．人型ロボットを作るときも，体幹側を強く作らなければならない．

72　第4章　ロボットアームの静力学と動力学

4.3　ラグランジュの運動方程式

　ここからは**動力学**について学ぶ．ロボットアームの動力学において，運動方程式の導出は重要である．その導出方法に応じて下記のような種類があり，「運動方程式」の前に付く人物名が変わる．

　(1) **ニュートンの運動方程式**
　(2) **ニュートン–オイラーの運動方程式**（ニュートン–オイラー法で導出）[4.5]
　(3) **ラグランジュの運動方程式**（ラグランジュ法で導出）[4.6] [4.7]

　なお，同じ物理現象であれば，どの導出方法によっても同じ運動方程式が得られる．
　回転するモータを多用するロボットアームの場合，運動方程式は直進運動の $m\ddot{x}=F$ ではなく回転運動の $I\ddot{\theta}=\tau$ で表現する機会が非常に多い．そのため，(2) ニュートン–オイラー法や (3) ラグランジュ法を用いて導出することが一般的であり，特に本書では，ラグランジュ法のみを取り扱う．
　19 世紀の数学者たちが，ニュートンの運動方程式を導出する過程で，物理学の基礎原理の一つであるハミルトン（Hamilton）の原理（最小作用の原理ともいう）を見いだした．このハミルトンの原理における停留条件（極大点，極小点，鞍点である条件）のことをラグランジュの運動方程式という．要は，物体の運動が必要最小限の**エネルギー**で動いていることにもとづき，エネルギーを極小にとどめる条件をラグランジュの運動方程式として定めた．
　この**ラグランジュ法**では，エネルギー式を立てた後，各変数で偏微分した式を結合するだけで運動方程式を導くことができる．そのため，**運動エネルギー**と**ポテンシャルエネルギー**の差で表現されるラグランジアン（Lagrangian，ラグランジュ関数ともいう）と，ラグランジアンを用いて表現される運動方程式の一般公式だけを覚えておけばよい．また，エネルギーには方向の概念がないため，運動方程式の導出時に符号の取り違いを起こしにくい利点もある．

●4.3.1　エネルギー保存系で用いられるラグランジュの運動方程式

　式 (4.22) にラグランジアン $\mathcal{L}$ を示す．T は**運動エネルギー**，U は**ポテンシャルエネルギー**である．なお，ラグランジアンは本来 L と書くべきところであるが，本書では，リンク長さとの混同を避けるため，筆記体（$\mathcal{L}$，エル）で記す．ラグランジュの運動方程式は，並進運動の場合は式 (4.23) で，回転運動の場合は式 (4.24) で表現される．

$$\mathcal{L} = T - U \tag{4.22}$$

$$\frac{d}{dt}\frac{\partial \mathcal{L}}{\partial \dot{x}} - \frac{\partial \mathcal{L}}{\partial x} = 0 \tag{4.23}$$

$$\frac{d}{dt}\frac{\partial \mathcal{L}}{\partial \dot{\theta}} - \frac{\partial \mathcal{L}}{\partial \theta} = 0 \tag{4.24}$$

例題4.3　エネルギー保存系におけるラグランジュの運動方程式

図 4.11 に示す単振り子について，ラグランジュの運動方程式を導出せよ．

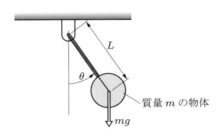

図 4.11　単振り子

解答　運動エネルギー $T = I\dot{\theta}^2/2$，ポテンシャルエネルギー $U = mg(L - L\cos\theta)$，慣性モーメント $I = mL^2$ なので，$\mathcal{L} = T - U$ に代入して，次式を得る．

$$\mathcal{L} = \frac{1}{2}mL^2\dot{\theta}^2 - mgL(1 - \cos\theta) \tag{4.25}$$

この得られたラグランジアン $\mathcal{L}$ を $\dot{\theta}$ と θ で偏微分すると，

$$\frac{\partial \mathcal{L}}{\partial \dot{\theta}} = mL^2\dot{\theta}$$

$$\frac{\partial \mathcal{L}}{\partial \theta} = -mgL\sin\theta$$

という二つの式が得られ，式 (4.24) に代入して，運動方程式は次の形で得られる．

$$mL^2\ddot{\theta} + mgL\sin\theta = 0 \tag{4.26}$$

　一般力学であれば，ここで，両辺を mL で割って整理したうえで，振動の周期について論じるところである．しかし，ロボット工学においては，割ればトルクの単位系を崩してしまうので，mL で割って整理しないほうがわかりやすい．

● 4.3.2　非保存一般化力を含むラグランジュの運動方程式

次のような場合は，式 (4.23)，(4.24) では対応しきれないときがある．

(1) アクチュエータが力やトルクを発生する場合

(2) 摩擦力を考慮する場合（特に非線形で扱いにくいクーロン摩擦）
(3) 流体の粘性力を考慮する場合

これら (1)〜(3) が該当する場合は，式 (4.23) や式 (4.24) ではなく，式 (4.27) や式 (4.28) を用いる．

$$\frac{d}{dt}\frac{\partial \mathcal{L}}{\partial \dot{x}} - \frac{\partial \mathcal{L}}{\partial x} + \frac{\partial f}{\partial \dot{x}} = F \quad （並進運動） \tag{4.27}$$

$$\frac{d}{dt}\frac{\partial \mathcal{L}}{\partial \dot{\theta}} - \frac{\partial \mathcal{L}}{\partial \theta} + \frac{\partial f}{\partial \dot{\theta}} = \tau \quad （回転運動） \tag{4.28}$$

ここで，f は摩擦力や粘性力に関係する関数である．右辺を 0 とはせずに，アクチュエータが発生する力 F やトルク τ を，非保存一般化力として右辺に記述することが重要である．

例題4.4　非保存一般化力を含むラグランジュの運動方程式

例題 4.3 に対して，図 4.12 に示すようにモータを取り付けた．摩擦力や空気抵抗等について考慮する必要はないとする．この力学系の運動方程式をラグランジュ法で導出せよ．

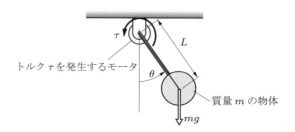

図 4.12　モータが取り付けられた単振り子

解答　式 (4.25) を式 (4.28) に代入すれば，運動方程式は次式で得られる．

$$mL^2\ddot{\theta} + mgL\sin\theta = \tau \tag{4.29}$$

この例題では，条件より，摩擦力 $f = 0$ とした．

4.4　ロボットアームの運動方程式

この 4.4 節では，4.1〜4.3 節の内容とラグランジュ法を用いて，ロボットアームの運動方程式を導出する．まず，比較的簡単な例題 4.5 と例題 4.6 を取り上げる．

4.4.1 基本的な例

例題4.5 直動と回転の駆動部を一つずつ有するロボットアームの場合

力 F を発生する伸縮アクチュエータと，トルク τ を発生するモータにより 2 軸の極座標ロボットを構成した場合，そのロボットは図 4.13 のように表現される．このロボットアームの運動方程式をラグランジュ法で求めよ．なお，アーム先端に質量 m の物体が取り付けられており，重力場はないとする．

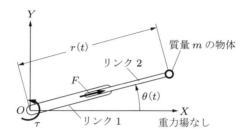

図 4.13 直動と回転の駆動部を有するロボットアーム

解答 質量 m の物体は，中心 O 回りに回転運動し，半径方向に直進運動するので，運動エネルギー T は次式で得られる．重力場もばねもないので，ポテンシャルエネルギー U は 0 である．

$$T = \frac{1}{2}I\dot{\theta}^2 + \frac{1}{2}m\dot{r}^2 \tag{4.30}$$

$$U = 0 \tag{4.31}$$

ここで，$I = mr^2$ なので，ラグランジアン $\mathcal{L}$ は次式で得られる．

$$\mathcal{L} = \frac{1}{2}mr^2\dot{\theta}^2 + \frac{1}{2}m\dot{r}^2 \tag{4.32}$$

まず，半径方向速度 $\dot{r}$ と半径方向長さ r で $\mathcal{L}$ を偏微分して，

$$\frac{\partial \mathcal{L}}{\partial \dot{r}} = m\dot{r} \tag{4.33}$$

$$\frac{\partial \mathcal{L}}{\partial r} = mr\dot{\theta}^2 \tag{4.34}$$

を得た後，式 (4.27) に代入することで，次式を得る．

$$\frac{d}{dt}\frac{\partial \mathcal{L}}{\partial \dot{r}} - \frac{\partial \mathcal{L}}{\partial r} = F \quad \rightarrow \quad m\ddot{r} - mr\dot{\theta}^2 = F \tag{4.35}$$

続けて，角速度 $\dot{\theta}$ と角度 θ で式 (4.32) をそれぞれ偏微分して，次式を得る．

$$\frac{\partial \mathcal{L}}{\partial \dot{\theta}} = mr^2\dot{\theta} \tag{4.36}$$

$$\frac{\partial \mathcal{L}}{\partial \theta} = 0 \tag{4.37}$$

これらを式 (4.28) に代入して，次式を得る．時間微分をするときは，半径方向長さ r も時間関数であることに注意すること．

$$\frac{d}{dt}\frac{\partial \mathcal{L}}{\partial \dot{\theta}} - \frac{\partial \mathcal{L}}{\partial \theta} = \tau \quad \rightarrow \quad mr^2\ddot{\theta} + 2mr\dot{r}\dot{\theta} = \tau \tag{4.38}$$

式 (4.35) と式 (4.38) の運動方程式が，本例題の答えである．2 自由度系なので，式が二つになる．

次の例題は，典型的な 2 軸ロボットアームの問題であるが，重力，リンクの自重，リンクの慣性モーメント，外力を無視した簡易版である．この簡易版を解ける実力が身に付けば，実際に近い状態のロボットアームの運動方程式も自力で導けるであろう．

例題4.6 回転の駆動部を二つ有するロボットアームの場合（簡易版）

図 4.14 のロボットアームについて，アーム先端に取り付けられた質量 m_L の物体に着目して，運動方程式をラグランジュ法で導出せよ．

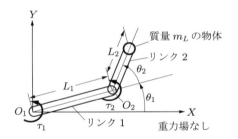

図 4.14　回転の駆動部を二つ有するロボットアーム（簡易版）

解答　ラグランジュ法を用いるため，質量をもつ物体の**エネルギー**に着目する．例題 4.5 と同様，ポテンシャルエネルギー U は考えなくてもよい．また，質量 m_L の物体の運動エネルギーは，その速度のみで決まるので，運動エネルギー T は式 (4.39) で得られる．

$$T = \frac{1}{2}m_L(\dot{x}^2 + \dot{y}^2) \tag{4.39}$$

図 4.14 を見ても，質量 m_L の物体の $\dot{x}$, $\dot{y}$ の関数は即座にはわからない．そこで，まず順運動学で x, y を導く．

$$x = L_1\cos\theta_1 + L_2\cos(\theta_1 + \theta_2)$$
$$y = L_1\sin\theta_1 + L_2\sin(\theta_1 + \theta_2)$$

そして，これらを時間微分すれば，次のようにそれぞれ算出される．

$$\dot{x} = -L_1\dot{\theta}_1\sin\theta_1 - L_2(\dot{\theta}_1 + \dot{\theta}_2)\sin(\theta_1 + \theta_2) \tag{4.40}$$

$$\dot{y} = L_1\dot{\theta}_1\cos\theta_1 + L_2(\dot{\theta}_1 + \dot{\theta}_2)\cos(\theta_1 + \theta_2) \tag{4.41}$$

式 (4.39) に代入する前に 2 乗しておこう．

$$\dot{x}^2 = L_1^2\dot{\theta}_1^2\sin^2\theta_1 + 2L_1L_2\dot{\theta}_1(\dot{\theta}_1 + \dot{\theta}_2)\sin\theta_1\sin(\theta_1 + \theta_2)$$
$$+ L_2^2(\dot{\theta}_1 + \dot{\theta}_2)^2\sin^2(\theta_1 + \theta_2) \tag{4.42}$$

$$\dot{y}^2 = L_1^2\dot{\theta}_1^2\cos^2\theta_1 + 2L_1L_2\dot{\theta}_1(\dot{\theta}_1 + \dot{\theta}_2)\cos\theta_1\cos(\theta_1 + \theta_2)$$
$$+ L_2^2(\dot{\theta}_1 + \dot{\theta}_2)^2\cos^2(\theta_1 + \theta_2) \tag{4.43}$$

式 (4.42) と式 (4.43) の和を求めるとき，$\theta_1 + \theta_2$ と $-\theta_1$ の加法定理を適用し，式 (4.39) に代入すると，$\mathcal{L} = T$ より，次式が得られる．

$$\mathcal{L} = \frac{1}{2}m_L\{L_1^2\dot{\theta}_1^2 + L_2^2(\dot{\theta}_1 + \dot{\theta}_2)^2 + 2L_1L_2\dot{\theta}_1(\dot{\theta}_1 + \dot{\theta}_2)\cos\theta_2\} \tag{4.44}$$

ここで，$\dot{\theta}_1$ と θ_1 で偏微分すると，

$$\frac{\partial\mathcal{L}}{\partial\dot{\theta}_1} = m_LL_1^2\dot{\theta}_1 + m_LL_2^2(\dot{\theta}_1 + \dot{\theta}_2) + m_LL_1L_2(2\dot{\theta}_1 + \dot{\theta}_2)\cos\theta_2$$

$$\frac{\partial\mathcal{L}}{\partial\theta_1} = 0$$

なので，式 (4.28) のラグランジュの運動方程式に代入して，次式を得る．

$$m_LL_1^2\ddot{\theta}_1 + m_LL_2^2(\ddot{\theta}_1 + \ddot{\theta}_2) + m_LL_1L_2(2\ddot{\theta}_1 + \ddot{\theta}_2)\cos\theta_2$$
$$- m_LL_1L_2(2\dot{\theta}_1 + \dot{\theta}_2)\dot{\theta}_2\sin\theta_2 = \tau_1 \tag{4.45}$$

同様に，$\dot{\theta}_2$ と θ_2 で偏微分すると，

$$\frac{\partial\mathcal{L}}{\partial\dot{\theta}_2} = m_LL_2^2(\dot{\theta}_1 + \dot{\theta}_2) + m_LL_1L_2\dot{\theta}_1\cos\theta_2$$

$$\frac{\partial\mathcal{L}}{\partial\theta_2} = -m_LL_1L_2\dot{\theta}_1(\dot{\theta}_1 + \dot{\theta}_2)\sin\theta_2$$

なので，次式を得る．

$$m_LL_2^2(\ddot{\theta}_1 + \ddot{\theta}_2) + m_LL_1L_2\ddot{\theta}_1\cos\theta_2 + m_LL_1L_2\dot{\theta}_1^2\sin\theta_2 = \tau_2 \tag{4.46}$$

最後に，式 (4.45) と式 (4.46) をまとめて，次式で表現しておく．

$$\boldsymbol{M}(\boldsymbol{\theta})\ddot{\boldsymbol{\theta}} + \boldsymbol{h}(\boldsymbol{\theta}, \dot{\boldsymbol{\theta}}) = \boldsymbol{\tau} \tag{4.47}$$

ここで，太字の各要素は，

$$\boldsymbol{\theta} = \begin{bmatrix} \theta_1 \\ \theta_2 \end{bmatrix}, \quad \dot{\boldsymbol{\theta}} = \begin{bmatrix} \dot{\theta}_1 \\ \dot{\theta}_2 \end{bmatrix}, \quad \ddot{\boldsymbol{\theta}} = \begin{bmatrix} \ddot{\theta}_1 \\ \ddot{\theta}_2 \end{bmatrix}, \quad \boldsymbol{\tau} = \begin{bmatrix} \tau_1 \\ \tau_2 \end{bmatrix}$$

$$\boldsymbol{M}(\boldsymbol{\theta}) = \begin{bmatrix} m_L L_1^2 + m_L L_2^2 + 2m_L L_1 L_2 \cos\theta_2 & m_L L_2^2 + m_L L_1 L_2 \cos\theta_2 \\ m_L L_2^2 + m_L L_1 L_2 \cos\theta_2 & m_L L_2^2 \end{bmatrix}$$

$$\boldsymbol{h}(\boldsymbol{\theta}, \dot{\boldsymbol{\theta}}) = \begin{bmatrix} -m_L L_1 L_2 (2\dot{\theta}_1 + \dot{\theta}_2) \dot{\theta}_2 \sin\theta_2 \\ m_L L_1 L_2 \dot{\theta}_1^2 \sin\theta_2 \end{bmatrix}$$

である．

● 4.4.2 複雑な例

さて，比較的簡単な例題を終えたところで，図 4.15 に示す回転の駆動部を二つ有する典型的な 2 軸ロボットアームの問題を取り扱う．つまり，重力，リンクの自重，リンクの慣性モーメント，外力を無視せず，運動方程式をラグランジュ法で導出する．ただし，各関節における摩擦やアームが動作するときに受ける空気抵抗，ベアリングの粘性力については無視する．なお，モータトルクを τ_1, τ_2，**外力**を $\boldsymbol{F}_L = [F_{Lx}, F_{Ly}, 0]^T$，リンク 1 の質量を m_1，リンク 2 の質量を m_2，リンク 1 の重心回りの慣性モーメントを I_1，リンク 2 の重心回りの慣性モーメントを I_2 と定義しておく（I_1, I_2 がモータ軸回りの慣性モーメントではなく，重心回りであることに注意）．

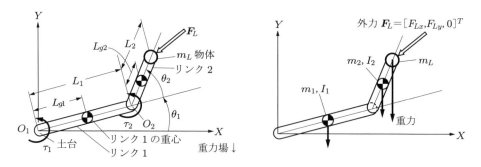

図 4.15 重力やリンク質量，外力を無視しない 2 軸ロボットアーム

ここから述べる内容は，例題 4.5 や例題 4.6 に比べて難易度は高い．また，重要度も高いため，できるだけ詳細に説明を書き記す．なお，次節以降（4.5 節や第 5 章）はすべて，図 4.15 のロボットアームを対象としている．

このロボットアームも前の例題と同じく 2 自由度であるため，運動方程式の式は二つ存在する．また，ラグランジュ法で運動方程式を導くので，**エネルギー**に着目する．

4.4 ロボットアームの運動方程式   79

表 4.1 2自由度ロボットアームがもつ各エネルギー

リンク1の重心	リンク2の重心	アーム先端
① m_1 の並進エネルギー	② m_2 の並進エネルギー	③ m_L の並進エネルギー
④ I_1 の回転エネルギー	⑤ I_2 の回転エネルギー	
⑥ m_1 の位置エネルギー	⑦ m_2 の位置エネルギー	⑧ m_L の位置エネルギー

そして，エネルギーを有するのは質量や慣性モーメントをもつ質点であり，このロボットアームは3箇所で，計八つのエネルギーが存在する．3箇所とは，(1) リンク1の重心位置，(2) リンク2の重心位置，(3) アームの先端位置であり，八つのエネルギーは，表 4.1 に記述する①〜⑧である．

①〜⑧のエネルギーを数式で表現すると，おのおの表 4.2 のように得られる．ただし，x, y に関する変数について，図 4.16 のように仮置きしておく（仮置きした変数 $x_1, y_1, x_2, y_2, x_L, y_L$ は最終的には数式から消去する）．

表 4.2 2自由度ロボットアームがもつエネルギー式

リンク1の重心	リンク2の重心	アーム先端
① $\frac{1}{2}m_1(\dot{x}_1^2+\dot{y}_1^2)$	② $\frac{1}{2}m_2(\dot{x}_2^2+\dot{y}_2^2)$	③ $\frac{1}{2}m_L(\dot{x}_L^2+\dot{y}_L^2)$
④ $\frac{1}{2}I_1\dot{\theta}_1^2$	⑤ $\frac{1}{2}I_2(\dot{\theta}_1+\dot{\theta}_2)^2$	
⑥ $m_1 g y_1$	⑦ $m_2 g y_2$	⑧ $m_L g y_L$

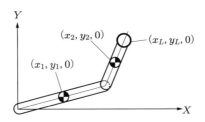

図 4.16 2軸ロボットアームにおいてエネルギーを有する座標位置

したがって，表 4.2 より**運動エネルギー** T，**ポテンシャルエネルギー** U は，それぞれ次のように表現される．

$$T = \frac{1}{2}m_1(\dot{x}_1^2+\dot{y}_1^2) + \frac{1}{2}m_2(\dot{x}_2^2+\dot{y}_2^2) + \frac{1}{2}m_L(\dot{x}_L^2+\dot{y}_L^2)$$
$$+ \frac{1}{2}I_1\dot{\theta}_1^2 + \frac{1}{2}I_2(\dot{\theta}_1+\dot{\theta}_2)^2 \tag{4.48}$$

$$U = m_1 g y_1 + m_2 g y_2 + m_L g y_L \tag{4.49}$$

また，**ラグランジアン** $\mathcal{L}$ は次式で得られる．

80 第4章　ロボットアームの静力学と動力学

$$\mathcal{L} = \frac{1}{2}m_1(\dot{x}_1^2 + \dot{y}_1^2) + \frac{1}{2}m_2(\dot{x}_2^2 + \dot{y}_2^2) + \frac{1}{2}m_L(\dot{x}_L^2 + \dot{y}_L^2)$$
$$+ \frac{1}{2}I_1\dot{\theta}_1^2 + \frac{1}{2}I_2(\dot{\theta}_1 + \dot{\theta}_2)^2 - m_1 g y_1 - m_2 g y_2 - m_L g y_L \tag{4.50}$$

ここから，**順運動学**で x_1，y_1，x_2，y_2，x_L，y_L を求めて，それらを時間微分する．
（リンク 1 の重心）

$$x_1 = L_{g1}\cos\theta_1, \qquad y_1 = L_{g1}\sin\theta_1 \tag{4.51}$$

$$\dot{x}_1 = -L_{g1}\dot{\theta}_1\sin\theta_1, \quad \dot{y}_1 = L_{g1}\dot{\theta}_1\cos\theta_1 \tag{4.52}$$

$$\dot{x}_1^2 + \dot{y}_1^2 = L_{g1}^2\dot{\theta}_1^2 \tag{4.53}$$

（リンク 2 の重心）

$$x_2 = L_1\cos\theta_1 + L_{g2}\cos(\theta_1 + \theta_2) \tag{4.54}$$

$$y_2 = L_1\sin\theta_1 + L_{g2}\sin(\theta_1 + \theta_2) \tag{4.55}$$

$$\dot{x}_2 = -L_1\dot{\theta}_1\sin\theta_1 - L_{g2}(\dot{\theta}_1 + \dot{\theta}_2)\sin(\theta_1 + \theta_2) \tag{4.56}$$

$$\dot{y}_2 = L_1\dot{\theta}_1\cos\theta_1 + L_{g2}(\dot{\theta}_1 + \dot{\theta}_2)\cos(\theta_1 + \theta_2) \tag{4.57}$$

$$\dot{x}_2^2 + \dot{y}_2^2 = L_1^2\dot{\theta}_1^2 + L_{g2}^2(\dot{\theta}_1 + \dot{\theta}_2)^2 + 2L_1 L_{g2}\dot{\theta}_1(\dot{\theta}_1 + \dot{\theta}_2)\cos\theta_2 \tag{4.58}$$

（アーム先端）

$$x_L = L_1\cos\theta_1 + L_2\cos(\theta_1 + \theta_2) \tag{4.59}$$

$$y_L = L_1\sin\theta_1 + L_2\sin(\theta_1 + \theta_2) \tag{4.60}$$

$$\dot{x}_L = -L_1\dot{\theta}_1\sin\theta_1 - L_2(\dot{\theta}_1 + \dot{\theta}_2)\sin(\theta_1 + \theta_2) \tag{4.61}$$

$$\dot{y}_L = L_1\dot{\theta}_1\cos\theta_1 + L_2(\dot{\theta}_1 + \dot{\theta}_2)\cos(\theta_1 + \theta_2) \tag{4.62}$$

$$\dot{x}_L^2 + \dot{y}_L^2 = L_1^2\dot{\theta}_1^2 + L_2^2(\dot{\theta}_1 + \dot{\theta}_2)^2 + 2L_1 L_2\dot{\theta}_1(\dot{\theta}_1 + \dot{\theta}_2)\cos\theta_2 \tag{4.63}$$

つまり，速度の 2 乗にかかわる式 (4.53)，(4.58)，(4.63) と，高さ y_1，y_2，y_L の式 (4.51)，(4.55)，(4.60) を，式 (4.50) に代入することで，次式が得られる．

$$\mathcal{L} = \frac{1}{2}m_1 L_{g1}^2\dot{\theta}_1^2$$
$$+ \frac{1}{2}m_2 L_1^2\dot{\theta}_1^2 + \frac{1}{2}m_2 L_{g2}^2(\dot{\theta}_1 + \dot{\theta}_2)^2 + m_2 L_1 L_{g2}\dot{\theta}_1(\dot{\theta}_1 + \dot{\theta}_2)\cos\theta_2$$
$$+ \frac{1}{2}m_L L_1^2\dot{\theta}_1^2 + \frac{1}{2}m_L L_2^2(\dot{\theta}_1 + \dot{\theta}_2)^2 + m_L L_1 L_2\dot{\theta}_1(\dot{\theta}_1 + \dot{\theta}_2)\cos\theta_2$$
$$+ \frac{1}{2}I_1\dot{\theta}_1^2 + \frac{1}{2}I_2(\dot{\theta}_1 + \dot{\theta}_2)^2$$

$$- m_1 g L_{g1} \sin\theta_1 - m_2 g L_1 \sin\theta_1 - m_2 g L_{g2} \sin(\theta_1 + \theta_2)$$
$$- m_L g L_1 \sin\theta_1 - m_L g L_2 \sin(\theta_1 + \theta_2) \tag{4.64}$$

得られた式 (4.64) のラグランジアンの項数はあまりにも多いので，煩雑さを避けるため，次のように A_1，A_2，A_3，B_1，B_2 を用いて表現する．

$$\mathcal{L} = \frac{1}{2} A_1 \dot{\theta}_1^2 + \frac{1}{2} A_2 (\dot{\theta}_1 + \dot{\theta}_2)^2 + A_3 \dot{\theta}_1 (\dot{\theta}_1 + \dot{\theta}_2) \cos\theta_2$$
$$- B_1 \sin\theta_1 - B_2 \sin(\theta_1 + \theta_2) \tag{4.65}$$

$$A_1 = m_1 L_{g1}^2 + m_2 L_1^2 + m_L L_1^2 + I_1 \tag{4.66}$$

$$A_2 = m_2 L_{g2}^2 + m_L L_2^2 + I_2 \tag{4.67}$$

$$A_3 = m_2 L_1 L_{g2} + m_L L_1 L_2 \tag{4.68}$$

$$B_1 = m_1 g L_{g1} + m_2 g L_1 + m_L g L_1 \tag{4.69}$$

$$B_2 = m_2 g L_{g2} + m_L g L_2 \tag{4.70}$$

この式 (4.65) を，式 (4.28) の公式に代入して運動方程式を導く．

$$\frac{d}{dt} \frac{\partial \mathcal{L}}{\partial \dot{\theta}} - \frac{\partial \mathcal{L}}{\partial \theta} + \frac{\partial f}{\partial \dot{\theta}} = \tau \tag{4.28 再}$$

なお，このロボットでは摩擦や粘性を無視するので $f = 0$ として扱っておく．また，τ は角加速度にかかわるトルクであり，外力がなければモータトルクを指すが，この例題では外力があるので，4.2 節を参考に，外部による各モータに対する負荷トルク τ_{L1}，τ_{L2} を算出し，モータトルク τ_1，τ_2 に加えておく必要がある．なお，負荷トルク τ_{L1}，τ_{L2} は，モータに抗することがほとんどで，その場合，負の値をもつ．

この 2 軸ロボットアームにおいて，式 (4.28) と外力にもとづく負荷トルクを考慮して，次に示すラグランジュの運動方程式が適用される．

$$\frac{d}{dt} \frac{\partial \mathcal{L}}{\partial \dot{\theta}_1} - \frac{\partial \mathcal{L}}{\partial \theta_1} = \tau_1 + \tau_{L1} \tag{4.71}$$

$$\frac{d}{dt} \frac{\partial \mathcal{L}}{\partial \dot{\theta}_2} - \frac{\partial \mathcal{L}}{\partial \theta_2} = \tau_2 + \tau_{L2} \tag{4.72}$$

なお，負荷トルク τ_{L1}，τ_{L2} には，各リンクやアーム先端に掛かる重力の分を加える必要はない．なぜなら，重力は $\mathcal{L} = T - U$ の U によって，すでに考慮されているからである．

では，式 (4.65) のラグランジアンの式を $\dot{\theta}_1$ と θ_1 で偏微分しよう．

$$\frac{\partial \mathcal{L}}{\partial \dot{\theta}_1} = A_1 \dot{\theta}_1 + A_2 (\dot{\theta}_1 + \dot{\theta}_2) + A_3 (\dot{\theta}_1 + \dot{\theta}_2) \cos\theta_2 + A_3 \dot{\theta}_1 \cos\theta_2$$

82 第4章 ロボットアームの静力学と動力学

$$= (A_1 + A_2 + 2A_3\cos\theta_2)\dot{\theta}_1 + (A_2 + A_3\cos\theta_2)\dot{\theta}_2$$

$$\frac{\partial\mathcal{L}}{\partial\theta_1} = -B_1\cos\theta_1 - B_2\cos(\theta_1 + \theta_2)$$

上式二つを式 (4.71) に代入して，次式を得る．

$$
\begin{aligned}
&(A_1 + A_2 + 2A_3\cos\theta_2)\ddot{\theta}_1 + (A_2 + A_3\cos\theta_2)\ddot{\theta}_2 \\
&\quad - A_3(2\dot{\theta}_1\dot{\theta}_2 + \dot{\theta}_2^2)\sin\theta_2 \\
&\quad + B_1\cos\theta_1 + B_2\cos(\theta_1 + \theta_2) = \tau_1 + \tau_{L1}
\end{aligned}
\tag{4.73}
$$

また，

$$\frac{\partial\mathcal{L}}{\partial\dot{\theta}_2} = (A_2 + A_3\cos\theta_2)\dot{\theta}_1 + A_2\dot{\theta}_2$$

$$\frac{\partial\mathcal{L}}{\partial\theta_2} = -A_3\dot{\theta}_1(\dot{\theta}_1 + \dot{\theta}_2)\sin\theta_2 - B_2\cos(\theta_1 + \theta_2)$$

であり，これらを式 (4.72) に代入して，次式を得る．

$$
\begin{aligned}
&(A_2 + A_3\cos\theta_2)\ddot{\theta}_1 + A_2\ddot{\theta}_2 + A_3\dot{\theta}_1^2\sin\theta_2 + B_2\cos(\theta_1 + \theta_2) \\
&= \tau_2 + \tau_{L2}
\end{aligned}
\tag{4.74}
$$

　得られた式 (4.73) と式 (4.74) が，図 4.15 に示したロボットの運動方程式である．

　最後に，負荷トルク τ_{L1}，τ_{L2} について求める．用いるのは，p.70 の式 (4.18) の $\boldsymbol{\tau}_L = \boldsymbol{J}^{T\,0}\boldsymbol{F}_L$ であり，ヤコビ行列 $\boldsymbol{J}$ が必要である．式 (4.61) と式 (4.62) から，次式が得られる．

$$
\begin{bmatrix} \dot{x}_L \\ \dot{y}_L \\ \dot{z}_L \end{bmatrix} =
\begin{bmatrix}
-L_1\sin\theta_1 - L_2\sin(\theta_1 + \theta_2) & -L_2\sin(\theta_1 + \theta_2) \\
L_1\cos\theta_1 + L_2\cos(\theta_1 + \theta_2) & L_2\cos(\theta_1 + \theta_2) \\
0 & 0
\end{bmatrix}
\begin{bmatrix} \dot{\theta}_1 \\ \dot{\theta}_2 \end{bmatrix}
\tag{4.75}
$$

したがって，次の 3×2 のヤコビ行列 $\boldsymbol{J}$ が求められる．

$$
\boldsymbol{J} =
\begin{bmatrix}
-L_1\sin\theta_1 - L_2\sin(\theta_1 + \theta_2) & -L_2\sin(\theta_1 + \theta_2) \\
L_1\cos\theta_1 + L_2\cos(\theta_1 + \theta_2) & L_2\cos(\theta_1 + \theta_2) \\
0 & 0
\end{bmatrix}
\tag{4.76}
$$

これを $\boldsymbol{\tau}_L = \boldsymbol{J}^{T\,0}\boldsymbol{F}_L$ に代入し，展開すれば，負荷トルク τ_{L1}，τ_{L2} が得られる．

$$\tau_{L1} = -F_x L_1\sin\theta_1 - F_x L_2\sin(\theta_1 + \theta_2)$$

$$+ F_y L_1 \cos \theta_1 + F_y L_2 \cos(\theta_1 + \theta_2) \tag{4.77}$$

$$\tau_{L2} = -F_x L_2 \sin(\theta_1 + \theta_2) + F_y L_2 \cos(\theta_1 + \theta_2) \tag{4.78}$$

さて，式 (4.73)，(4.74) を行列表記でまとめると，次式が得られる．

$$\boldsymbol{M}(\boldsymbol{\theta})\ddot{\boldsymbol{\theta}} + \boldsymbol{h}(\boldsymbol{\theta},\dot{\boldsymbol{\theta}}) + \boldsymbol{g}(\boldsymbol{\theta}) = \boldsymbol{\tau} + \boldsymbol{\tau}_L \tag{4.79}$$

ここで，太字の各要素は，

$$\boldsymbol{\theta} = \begin{bmatrix} \theta_1 \\ \theta_2 \end{bmatrix}, \quad \dot{\boldsymbol{\theta}} = \begin{bmatrix} \dot{\theta}_1 \\ \dot{\theta}_2 \end{bmatrix}, \quad \ddot{\boldsymbol{\theta}} = \begin{bmatrix} \ddot{\theta}_1 \\ \ddot{\theta}_2 \end{bmatrix}, \quad \boldsymbol{\tau} = \begin{bmatrix} \tau_1 \\ \tau_2 \end{bmatrix}, \quad \boldsymbol{\tau}_L = \begin{bmatrix} \tau_{L1} \\ \tau_{L2} \end{bmatrix}$$

$$\boldsymbol{M}(\boldsymbol{\theta}) = \begin{bmatrix} A_1 + A_2 + 2A_3 \cos \theta_2 & A_2 + A_3 \cos \theta_2 \\ A_2 + A_3 \cos \theta_2 & A_2 \end{bmatrix} \tag{4.80}$$

$$\boldsymbol{h}(\boldsymbol{\theta},\dot{\boldsymbol{\theta}}) = \begin{bmatrix} -A_3(2\dot{\theta}_1\dot{\theta}_2 + \dot{\theta}_2^2) \sin \theta_2 \\ A_3 \dot{\theta}_1^2 \sin \theta_2 \end{bmatrix} \tag{4.81}$$

$$\boldsymbol{g}(\boldsymbol{\theta}) = \begin{bmatrix} B_1 \cos \theta_1 + B_2 \cos(\theta_1 + \theta_2) \\ B_2 \cos(\theta_1 + \theta_2) \end{bmatrix} \tag{4.82}$$

である．A_1，A_2，A_3，B_1，B_2 は，p.81 の式 (4.66)〜(4.70) に記されている．なお，$\boldsymbol{M}(\boldsymbol{\theta})\ddot{\boldsymbol{\theta}}$ は慣性項であり，$\boldsymbol{M}(\boldsymbol{\theta})$ は各部の**質量**（mass）や**慣性モーメント**に深くかかわる行列で，$\boldsymbol{h}(\boldsymbol{\theta},\dot{\boldsymbol{\theta}})$ は**コリオリ力**と**遠心力**の混成（hybrid）項，$\boldsymbol{g}(\boldsymbol{\theta})$ は**重力**（gravity）の影響を表す項である．

4.5　ロボット運動の数値シミュレーション

　ロボットを製作して所定の目的を達成するまでに，ロボットの機械系・電気系に関する設計製作と，完成したロボットシステムを安定に動作させるための制御用プログラムの作成が必要である．そのとき，数値シミュレーションが可能であれば，機械設計時に必要なリンク長さやモータトルクなどの適切な値がわかる．また，シミュレーションは制御系設計を実機なしで行うことができるので，制御系が不安定で暴走したとしても直接事故につながるようなことはない．したがって，数値シミュレーションによって実機試験前の徹底した検討が可能となる．

　4.4 節で述べた常微分方程式（式 (4.79) など）のことをロボットモデルといい，その常微分方程式を数値的に解いて時間挙動を明確化することを数値シミュレーションという．

　なお，本節では C 言語で記述したプログラムを示すが，MATLAB の Simulink や

84 第4章 ロボットアームの静力学と動力学

Dymola の Modelica など，市販品を用いて学習してもよい．

　本書では**ルンゲ–クッタ法**（陽解法）を用いて，4.4.2 項の2自由度ロボットアームの運動方程式，式 (4.79) を解く．なお，常微分方程式の数値計算については，付録 A.3 節でくわしく学べる．式 (4.79) を解くためには，2階常微分方程式を1階の常微分方程式に置き換える必要がある．そこで，角速度を表す変数 $\boldsymbol{\omega}$ を導入する．

$$\boldsymbol{\omega} = \begin{bmatrix} \omega_1 \\ \omega_2 \end{bmatrix}, \quad \dot{\boldsymbol{\omega}} = \begin{bmatrix} \dot{\omega}_1 \\ \dot{\omega}_2 \end{bmatrix}$$

この $\boldsymbol{\omega}$ については，$\boldsymbol{\theta}$ との間に

$$\dot{\boldsymbol{\omega}} = \ddot{\boldsymbol{\theta}}, \quad \boldsymbol{\omega} = \dot{\boldsymbol{\theta}} \tag{4.83}$$

の関係式が成り立つので，この式にもとづいて，式 (4.79) を変形すれば次式が得られる．2自由度ロボットアームの場合，合計，4連立方程式となる．

$$\dot{\boldsymbol{\omega}} = \boldsymbol{M}^{-1}(\boldsymbol{\tau} + \boldsymbol{\tau}_L - \boldsymbol{h} - \boldsymbol{g}) \tag{4.84}$$

$$\dot{\boldsymbol{\theta}} = \boldsymbol{\omega} \tag{4.85}$$

ここで，$C_2 = \cos\theta_2$ とおけば，$\boldsymbol{M}^{-1}$ は次式で得られる．

$$\boldsymbol{M}^{-1} = \begin{bmatrix} \alpha_{11} & \alpha_{12} \\ \alpha_{12} & \alpha_{22} \end{bmatrix} = \begin{bmatrix} \dfrac{A_2}{A_1 A_2 - A_3^2 C_2^2} & -\dfrac{A_2 + A_3 C_2}{A_1 A_2 - A_3^2 C_2^2} \\ -\dfrac{A_2 + A_3 C_2}{A_1 A_2 - A_3^2 C_2^2} & \dfrac{A_1 + A_2 + 2A_3 C_2}{A_1 A_2 - A_3^2 C_2^2} \end{bmatrix} \tag{4.86}$$

　$A_1 \sim A_3$ は式 (4.66)〜(4.68) に記されている．式 (4.84) と式 (4.85) にもとづいて C 言語で記述したプログラムが，後に示すソースコード（基盤コード）である．プログラム内において，各変数は以下のとおりの文字で表現している（便宜上，θ は z，ω は w，α は a などとしている）．

$$\begin{bmatrix} x_L \\ y_L \end{bmatrix} = \begin{bmatrix} \mathrm{Xp} \\ \mathrm{Yp} \end{bmatrix}, \quad \begin{bmatrix} \dot{x}_L \\ \dot{y}_L \end{bmatrix} = \begin{bmatrix} \mathrm{Xv} \\ \mathrm{Yv} \end{bmatrix}, \quad \boldsymbol{\theta} = \begin{bmatrix} \theta_1 \\ \theta_2 \end{bmatrix} = \begin{bmatrix} \mathrm{z1} \\ \mathrm{z2} \end{bmatrix}, \quad \boldsymbol{\omega} = \begin{bmatrix} \omega_1 \\ \omega_2 \end{bmatrix} = \begin{bmatrix} \mathrm{w1} \\ \mathrm{w2} \end{bmatrix},$$

$$\boldsymbol{M}^{-1} = \begin{bmatrix} \alpha_{11} & \alpha_{12} \\ \alpha_{12} & \alpha_{22} \end{bmatrix} = \begin{bmatrix} \mathrm{a11} & \mathrm{a12} \\ \mathrm{a12} & \mathrm{a22} \end{bmatrix}, \quad \boldsymbol{\tau} + \boldsymbol{\tau}_L - \boldsymbol{h} - \boldsymbol{g} = \begin{bmatrix} \mathrm{u1} \\ \mathrm{u2} \end{bmatrix}$$

　ただし，基盤コードでは，$\boldsymbol{\tau}_L$ の算出において外力なし（$F_x = 0$，$F_y = 0$）とし，モータトルクも加えない（$\boldsymbol{\tau} = 0$）としている．また，ルンゲ–クッタ法特有の変数について，$\boldsymbol{\theta}$ 関連の k11，k12，$\boldsymbol{\omega}$ 関連の L11，L12 は第1段階の変数を，k21，k22，L21，

L22 は第 2 段階の変数を，k31，k32，L31，L32 は第 3 段階の変数を，k41，k42，L41，L42 は第 4 段階の変数を指す（ただし，L1，L2 はリンク長さなので注意すること）．

このプログラムでは，リンク長さを L1＝L2＝0.3m とし，リンク質量を m1＝m2＝0.5kg にしており，各リンクの中央に重心位置がある．また，アーム先端に質量 mL＝5.0kg のエンドエフェクタが取り付けられている．時間刻みは h＝0.001s である．シミュレーションした結果を図 4.17 に示す．ただし，図 4.17 は付録 A.4 節にある **OpenGL** を用いて描写した[†]．外力とモータトルクを 0 としているので，重力により初期姿勢が保たれず，図 4.17 のように $t＝0.4$s までアーム先端が落下運動して，アームが伸びきった後，左上へ跳ね返って移動している様子がわかる．

基盤コード　ルンゲ–クッタ法によるロボットアームの数値計算

```
#include <stdio.h>
#include <conio.h>
#include <math.h>

const double L1 = 0.3; //m リンク1長さ
const double L2 = 0.3; //m リンク2長さ
const double Lg1 = 0.15; //m リンク1重心位置
const double Lg2 = 0.15; //m リンク2重心位置
const double m1 = 0.5; //kg リンク1質量
const double m2 = 0.5; //kg リンク2質量
const double I1 = 5.4e-3;
//kgm2 リンク1の慣性モーメント
const double I2 = 5.4e-3;
//kgm2 リンク2の慣性モーメント
const double mL = 5.0; // kg エンドエフェクタ質量
const double g = 9.806199; // 重力加速度
const double pi = 3.141592; //π
const double h = 0.001; //s 時間刻み

double t, th1[801], th2[801], thv1[801],
thv2[801];
double X1[801], Y1[801], X2[801], Y2[801];

void main(void)
{
int i, N=200;
double A1, A2, A3, B1, B2;
double z1, z2, w1, w2;
double z21, z22, w21, w22;
double z31, z32, w31, w32;
double z41, z42, w41, w42;
double a11, a12, a22, u1, u2, LL;
double k11, k12, k21, k22, k31, k32, k41, k42;
double L11, L12, L21, L22, L31, L32, L41, L42;
```

```
double tau1, tau2; //モータトルク
double tauL1, tauL2; //負荷トルク
double FL, FLx, FLy; //外力
double Xp, Yp; // 現在の位置
double Xv, Yv; // 現在の速度
//■第5章用変数 ここから■
double zd1, zd2; //目標角度
double Xd, Yd; //目標位置
double dx, dy, dp; //目標位置の微小値
double dzd1, dzd2; //目標角度の微小値
double Sp1, Sp2, Sv1, Sv2, Sf1, Sf2;
//Hybrid制御用
double tauP1, tauP2; //位置制御のトルク
double tauML1, tauML2;//力制御のトルク（P動作）
double tauMS1, tauMS2;//力制御のトルク（I動作）
double tauF1, tauF2;//力制御のトルク
double Fd; //壁押付力の目標値
double FLA = 0; //壁からの反力の平均値
double zw; //アーム先端の移動方向角度
//（反時計回りが正）
double dxv, dyv, dv; // 速度・角速度の微小値
double dwd1, dwd2; // 角速度の微小値
double Ssf1 = 0, Ssf2 = 0; // 力の時間積分
double DJ;
int j = 0;
double E1, E2;
double Dd1, Dd2, Kd1, Kd2; //仮想インピーダンス
double Vmax = 1.0; //目標速度の制限値
//■第5章用変数 ここまで■

A1 = m1*Lg1*Lg1 + I1 + m2*L1*L1 + mL*L1*L1;
A2 = I2 + m2*Lg2*Lg2 + mL*L2*L2;
A3 = (m2*Lg2 + mL*L2)*L1;
B1 = (m1*Lg1 + m2*L1 + mL*L1)*g;
```

[†]　OpenGL を用いたプログラムは，http://www.morikita.co.jp/books/mid/062521 からダウンロードできる．

86 第 4 章 ロボットアームの静力学と動力学

```
B2 = (m2*Lg2 + mL*L2)*g;

// ----- 初期値設定 -----
t = 0.0;
z1 = 90.0*pi / 180.0;
z2 = -90.0*pi / 180.0;
zd1 = z1;
zd2 = z2;
w1 = 0;
w2 = 0;
Xp = L2;
Yp = L1;
Xv = 0;
Yv = 0;


// 800 ms 間のループ
for (i = 0; i <= 800; i++){
  t = t + h;
  Xp = L1*cos(z1) + L2*cos(z1 + z2);
  Yp = L1*sin(z1) + L2*sin(z1 + z2);
  Xv = (-L1*sin(z1) - L2*sin(z1 + z2))*w1
      + (-L2*sin(z1 + z2))*w2;
  Yv = (L1*cos(z1) + L2*cos(z1 + z2))*w1
      + (L2*cos(z1 + z2))*w2;


  // ----- ●○ 外力 ○● -----
  FLx = 0;
  FLy = 0;


  // ----- △▲ 制御器 ▲△-----
  tau1 = 0.0;
  tau2 = 0.0;

  // ----- ルンゲ-クッタ法 第1段階 -----
  k11 = h*(w1);
  k12 = h*(w2);
  LL = A1*A2 - A3*A3*cos(z2)*cos(z2);
  a11 = A2 / LL;
  a12 = -(A2 + A3*cos(z2)) / LL;
  a22 = (A1 + A2 + 2.0 * A3*cos(z2)) / LL;
  tauL1 = (-L1*sin(z1) - L2*sin(z1 + z2))*FLx
        + ( L1*cos(z1) + L2*cos(z1 + z2))*FLy;
  tauL2 = (-L2*sin(z1 + z2))*FLx
        + ( L2*cos(z1 + z2))*FLy;
  u1 = tau1 + tauL1
     + A3*(2.0*w1*w2 + w2*w2)*sin(z2)
     - B1*cos(z1) - B2*cos(z1 + z2);
  u2 = tau2 + tauL2
     - A3*w1*w1*sin(z2)
     - B2*cos(z1 + z2);
  L11 = h*(a11*u1 + a12*u2);
  L12 = h*(a12*u1 + a22*u2);
```

```
  // ----- ルンゲ-クッタ法 第2段階 -----
  z21 = z1 + k11 / 2.0;
  z22 = z2 + k12 / 2.0;
  w21 = w1 + L11 / 2.0;
  w22 = w2 + L12 / 2.0;
  k21 = h*(w21);
  k22 = h*(w22);
  LL = A1*A2 - A3*A3*cos(z22)*cos(z22);
  a11 = A2 / LL;
  a12 = -(A2 + A3*cos(z22)) / LL;
  a22 = (A1 + A2 + 2.0 * A3*cos(z22)) / LL;
  tauL1 = (-L1*sin(z21) - L2*sin(z21 + z22))*FLx
        + ( L1*cos(z21) + L2*cos(z21 + z22))*FLy;
  tauL2 = (-L2*sin(z21 + z22))*FLx
        + ( L2*cos(z21 + z22))*FLy;
  u1 = tau1 + tauL1
     + A3*(2.0*w21*w22 + w22*w22)*sin(z22)
     - B1*cos(z21) - B2*cos(z21 + z22);
  u2 = tau2 + tauL2
     - A3*w21*w21*sin(z22)
     - B2*cos(z21 + z22);
  L21 = h*(a11*u1 + a12*u2);
  L22 = h*(a12*u1 + a22*u2);


  // ----- ルンゲ-クッタ法 第3段階 -----
  z31 = z1 + k21 / 2.0;
  z32 = z2 + k22 / 2.0;
  w31 = w1 + L21 / 2.0;
  w32 = w2 + L22 / 2.0;
  k31 = h*w31;
  k32 = h*w32;
  LL = A1*A2 - A3*A3*cos(z32)*cos(z32);
  a11 = A2 / LL;
  a12 = -(A2 + A3*cos(z32)) / LL;
  a22 = (A1 + A2 + 2.0 * A3*cos(z32)) / LL;
  tauL1 = (-L1*sin(z31) - L2*sin(z31 + z32))*FLx
        + ( L1*cos(z31) + L2*cos(z31 + z32))*FLy;
  tauL2 = (-L2*sin(z31 + z32))*FLx
        + ( L2*cos(z31 + z32))*FLy;
  u1 = tau1 + tauL1
     + A3*(2.0*w31*w32 + w32*w32)*sin(z32)
     - B1*cos(z31) - B2*cos(z31 + z32);
  u2 = tau2 + tauL2
     - A3*w31*w31*sin(z32)
     - B2*cos(z31 + z32);
  L31 = h*(a11*u1 + a12*u2);
  L32 = h*(a12*u1 + a22*u2);


  // ----- ルンゲ-クッタ法 第4段階 -----
  z41 = z1 + k31;
  z42 = z2 + k32;
  w41 = w1 + L31;
  w42 = w2 + L32;
```

```
k41 = h*w41;                                      z2 = z2 + (k12 + 2.0*k22 + 2.0*k32 + k42) / 6.0;
k42 = h*w42;                                      w1 = w1 + (L11 + 2.0*L21 + 2.0*L31 + L41) / 6.0;
LL = A1*A2 - A3*A3*cos(z42)*cos(z42);             w2 = w2 + (L12 + 2.0*L22 + 2.0*L32 + L42) / 6.0;
a11 = A2 / LL;                                    th1[i] = z1; th2[i] = z2;
a12 = -(A2 + A3*cos(z42)) / LL;                   thv1[i] = w1; thv2[i] = w2;
a22 = (A1 + A2 + 2.0 * A3*cos(z42)) / LL;         X1[i] = L1*cos(z1);
tauL1 = (-L1*sin(z41) - L2*sin(z41 + z42))*FLx    Y1[i] = L1*sin(z1);
      + ( L1*cos(z41) + L2*cos(z41 + z42))*FLy;   X2[i] = L1*cos(z1) + L2*cos(z1 + z2);
tauL2 = (-L2*sin(z41 + z42))*FLx                  Y2[i] = L1*sin(z1) + L2*sin(z1 + z2);
      + ( L2*cos(z41 + z42))*FLy;
u1 = tau1 + tauL1                                 if (i % 10 == 0){
   + A3*(2.0*w41*w42 + w42*w42)*sin(z42)            FL = sqrt(FLx*FLx + FLy*FLy);
   - B1*cos(z41) - B2*cos(z41 + z42);               if (i >= 300 && i <= 600){ //表示域
u2 = tau2 + tauL2                                     printf("i=%3d (X,Y) =", i);
   - A3*w41*w41*sin(z42)                              printf("(%8.5f,%8.5f),", X2[i], Y2[i]);
   - B2*cos(z41 + z42);                               printf(" F = %6.3f ¥n", FL);
L41 = h*(a11*u1 + a12*u2);                          }
L42 = h*(a12*u1 + a22*u2);                        }
                                                }
// ----- ルンゲ-クッタ法 全段結合 -----          _getch();
z1 = z1 + (k11 + 2.0*k21 + 2.0*k31 + k41) / 6.0;  }
```

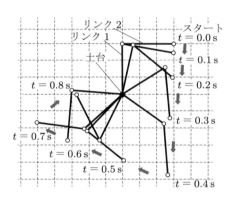

図 4.17 基盤コードの計算結果（外力とモータトルクなし）

例題4.7 ロボットアームの床衝突（跳ね返り）

下記の式と基盤コードのパラメータを用いて，図 4.18 に示す床（ばね定数 $10000\,\mathrm{N/m}$）とロボットアーム先端の衝突シミュレーションを実行せよ．ただし，各モータトルクは 0 とする．

$$M(\boldsymbol{\theta})\ddot{\boldsymbol{\theta}} + h(\boldsymbol{\theta},\dot{\boldsymbol{\theta}}) + g(\boldsymbol{\theta}) = \boldsymbol{\tau} + \boldsymbol{\tau}_L \tag{4.79 再}$$

$$\boldsymbol{\theta}=\begin{bmatrix}\theta_1\\\theta_2\end{bmatrix},\quad \dot{\boldsymbol{\theta}}=\begin{bmatrix}\dot{\theta}_1\\\dot{\theta}_2\end{bmatrix},\quad \ddot{\boldsymbol{\theta}}=\begin{bmatrix}\ddot{\theta}_1\\\ddot{\theta}_2\end{bmatrix},\quad \boldsymbol{\tau}=\begin{bmatrix}\tau_1\\\tau_2\end{bmatrix},\quad \boldsymbol{\tau}_L=\begin{bmatrix}\tau_{L1}\\\tau_{L2}\end{bmatrix}$$

$$M(\boldsymbol{\theta}) = \begin{bmatrix} A_1 + A_2 + 2A_3 \cos\theta_2 & A_2 + A_3 \cos\theta_2 \\ A_2 + A_3 \cos\theta_2 & A_2 \end{bmatrix} \qquad (4.80\,再)$$

$$\boldsymbol{h}(\boldsymbol{\theta},\dot{\boldsymbol{\theta}}) = \begin{bmatrix} -A_3(2\dot{\theta}_1\dot{\theta}_2 + \dot{\theta}_2^2)\sin\theta_2 \\ A_3\dot{\theta}_1^2 \sin\theta_2 \end{bmatrix} \qquad (4.81\,再)$$

$$\boldsymbol{g}(\boldsymbol{\theta}) = \begin{bmatrix} B_1 \cos\theta_1 + B_2 \cos(\theta_1 + \theta_2) \\ B_2 \cos(\theta_1 + \theta_2) \end{bmatrix} \qquad (4.82\,再)$$

L1 = 0.3 m　リンク1長さ

L2 = 0.3 m　リンク2長さ

Lg1 = 0.15 m　リンク1重心位置

Lg2 = 0.15 m　リンク2重心位置

m1 = 0.5 kg　リンク1質量

m2 = 0.5 kg　リンク2質量

I1 = 5.4×10⁻³ kgm²　リンク1の慣性モーメント

I2 = 5.4×10⁻³ kgm²　リンク2の慣性モーメント

mL = 5.0 kg　エンドエフェクタ質量

h = 0.001 s　時間刻み

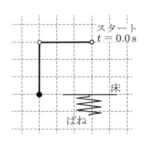

図 4.18　ロボットアームの動き（初期状態）（外力：ばね付きの床）

[解答]　床から受ける力を外力として加える．床とアーム先端が接触するのは，

```
Yp = L1*sin(z1) + L2*sin(z1 + z2);
```

で算出される Yp（アーム先端の位置座標 y_L）が負のときなので，下記の例題 4.7 用コードのように，外力の設定箇所に Yp < 0 の条件下で，ばねの力が発生するようにロボットアームの先端に力を加える．

4.5 ロボット運動の数値シミュレーション

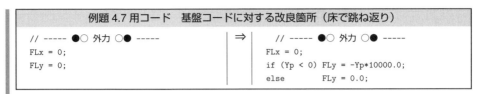

例題 4.7 用コード　基盤コードに対する改良箇所（床で跳ね返り）
`// ----- ●○ 外力 ○● -----`　⇒　`// ----- ●○ 外力 ○● -----`
`FLx = 0;`　　　　　　　　　　　　`FLx = 0;`
`FLy = 0;`　　　　　　　　　　　　`if (Yp < 0) FLy = -Yp*10000.0;`
`else        FLy = 0.0;`

　C言語とOpenGLを使ったシミュレーション結果である図4.19を見ると，スタートから0.2～0.3秒経過した後，アーム先端が床に接触して床を下に押し下げて，その後，ばねの反発力によって，ロボットアームは空中に跳ね返っている．

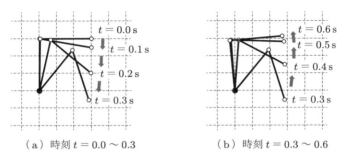

（a）時刻 $t = 0.0 \sim 0.3$　　　　　（b）時刻 $t = 0.3 \sim 0.6$

図 4.19　ロボットアームの動き

例題4.8　ロボットアームの床衝突（衝突後停止）

　前の例題では，アーム先端が床に衝突した後，跳ね返っていた．しかし実際には，衝突とともに大きい音を発して，図4.20のようにその場に停止することのほうが多い．基盤コードと同じ条件下で外力の部分だけ書き直して，図4.20の動きを実現せよ．ただし，床とアーム先端における動摩擦係数を 0.8 とし，また，静止摩擦力がリンクに掛かる重力に打ち勝つとする．なお，アーム先端を質点系としてとらえること．

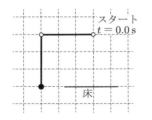
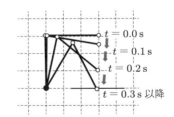

図 4.20　ロボットアームの動き（外力：ばね付きの床）

[解答]　アームの先端部に仮想ばねと仮想ダンパーを設けて，衝突している状態で機能するようにプログラミングすればよい．横方向には，接触部の押し当て力 F_y を用いて，摩擦

90 第4章 ロボットアームの静力学と動力学

力 F_x を発生させて，その場に停止させる．プログラムの改良点を例題 4.8 用コードとして示す．

例題 4.8 用コード　基盤コードに対する改良箇所（アーム先端の停止）

```
// ----- ●○ 外力 ○● -----
FLx = 0;
FLy = 0;
```

⇒

```
// ----- ●○ 外力 ○● -----
if (Yp <0){
    if (Xv > 0)      FLx = -0.8*FLy;
    else if (Xv < 0) FLx = 0.8*FLy;
    else             FLx = 0;
    FLy = -Yp*10000.0 - Yv*1000.0;
}
else{
    FLx = 0.0;
    FLy = 0.0;
}
```

　縦方向の運動エネルギーは，仮想ダンパーによってすべて吸収する．このプログラムでは減衰係数を 1000 としたが，明確な適性値があるわけではなく，複数回のシミュレーションを通じた試行錯誤によって決めることになる．

　次に，摩擦について述べる．まず，静止摩擦力について正しく扱う場合は，垂直荷重と静止摩擦係数で決まる最大静止摩擦力を計算する．そして，二つのリンクに掛かる重力がアーム先端に伝播した力の水平方向成分が，最大静止摩擦力を上回っていなければ，接触点に加わっている力と同じ大きさの反力が摩擦力として発生して静止状態を維持する．最大静止摩擦力を上回る力が加わっているならば，その差し引いた力を F_x として加えて運動させる必要がある．この例題では，問題を簡単化するため，静止摩擦力がリンクに掛かる重力に打ち勝つとの仮定を問題に付け足している．

　人型や犬型など，脚移動ロボットでは，脚先の床に対する衝突が避けられないため，本例のように脚部先端に弾性体を仮定して簡易的にモデリングすることも多い．

○章末問題○

4.1　式 (4.8)（p.64）にもとづいて，伝達関数 $G(s) = \theta(s)/\tau(s)$ を求めよ．また，$G(s)$ にはどのような要素が含まれているかを述べよ．

4.2　1 自由度ロボットアームにおいて，Z 軸回りのモータの回転中心が $(0,0,0)$ であり，アーム先端座標 $(4,0,0)$ を力点として，外力 $\boldsymbol{F} = [0,-3,0]^T$ が掛かっているとき，その外力 $\boldsymbol{F}$ に対抗できるモータトルクを求めよ．座標の単位は m，力の単位は N とする．

4.3　1 自由度ロボットアームにおいて，X 軸回りのモータの回転中心が $(0,0,0)$ であり，アーム先端座標 $(0,4,5)$ を力点として，外力 $\boldsymbol{F} = [0,-3,7]^T$ が掛かっているとき，その外力 F に対抗できるモータトルクを求めよ．座標の単位は m，力の単位は N とする．

4.4　多自由度ロボットアームにおいて，外力が各関節に与える負荷トルクについて，算出

章末問題 **91**

する式を記述せよ.

4.5 ★ 　図 3.12（p.41）の 2 自由度ロボットアームの先端に外力 $^0\boldsymbol{F} = [f_x, f_y, f_z]^T$ が掛かっているとき，その外力 $\boldsymbol{F}$ に対抗できるモータトルク τ_1，τ_2 の式を求めよ.ただし，O_2 からアーム先端までの距離を L_e とする.

4.6 　エネルギー保存系のラグランジュの運動方程式を記述せよ.

4.7 　非保存一般化力を含むラグランジュの運動方程式を記述せよ.

4.8 ★ 　質量 m のロケットが推力 F で空を上昇しているときの運動方程式を示せ.

4.9 ★★ 　p.66 の 4.1.3 項において，トルク制御系や電流制御系を構築し，$\tau = \tau_d$ や $i_a = i_d$ が達成できるなら，ロボットのモデリングが機械系のみになると記している.τ を τ_d に近づけることはできても τ を τ_d に完全一致させることはできない.(1) その理由を考えて述べよ.また，(2) 極力 τ を τ_d に近づける方法について調べて答えよ.

4.10 ★★ 　図 3.12（p.41）の 2 自由度ロボットアームのラグランジアンを算出せよ.ただし，アームの先端に質量 m の物体を加え，O_2 からアーム先端までの距離を L_e とする.

第5章 ロボットアームの制御

　本章では，ロボットアームの制御方法について学ぶ．たとえば，アーク溶接や塗装，カメラで撮影を行うロボットのように，アーム先端が外部環境と接触していない場合は，第3章で学んだ逆運動学でモータの目標角度を定めて，各モータ角をフィードバック制御する（5.2節）．また，ワークの把持，表面の研磨，人との協調作業など，ロボットアームの先端に外力が加わる場合は，位置と力のハイブリッド制御[5.1]～[5.3]で位置制御と力制御の両方を同時に行う（5.3節）．さらに，柔らかい物を把持して持ち上げる場合や，人とロボットの協調作業の場合は，機械インピーダンス制御[5.3]を用いてロボットの力加減を制御する（5.4節）．ほかにも，現在までに用途に合わせたさまざまな制御方法が提案されている中，特に，本書で記す代表的な制御方法は学んでおいてほしい．そして，できれば制御系設計を，ロボットシミュレーションを通じて体験してみてほしい．

　本章における例題とC言語プログラム，その実行結果は，各制御方法において導かれたトルクの式が正しいことを保証するため，また，活用方法の提示のために記述している．第4章と同様，MATLABなどの市販ソフトウェアを使用できる環境にあるなら，それらを活用してほしい．

この章の目標

- ロボットアームの代表的な制御方法を理解する．
- 特に，操作量信号であるトルクの導き方を理解する．そして，導かれたトルクの式に含まれる各変数から，制御系に組み込むときに必要になる信号（必要なセンサが何か）について明らかにしながら学ぶことが重要である．
- ロボットシミュレーションを通じて制御系設計を体験し，トルクについて実感を得る．

5.1　1自由度システムの制御法

　複数リンクのロボットアームを扱う前に，簡単な1自由度系を制御対象とした制御法について学び，基礎固めをしておこう．すでに3.4節で，逆運動学によってアーム先端位置座標にもとづく目標モータ角度 θ_d を求める方法を身に付けた．この目標角度 θ_d に一致させるように関節角度 θ を制御するためには，図5.1に示すフィードバック

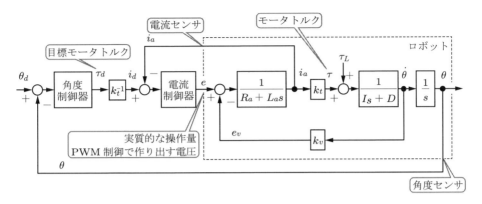

図 5.1 1自由度系の角度制御システム

制御系を構築する必要がある．なお，図中，モータに関するトルク定数 k_t や逆起電力定数 k_v，内部コイルのインダクタンス L_a，抵抗 R_a，リンクの慣性モーメント I，ベアリングや空気抵抗にかかわる粘性係数 D を変数として用いている．

図 5.1 にある目標角度 θ_d と現在の角度 θ に偏差があるとき，その偏差にもとづいて角度制御器が目標モータトルク τ_d を算出する．さらに，その目標モータトルク τ_d にモータトルク τ を一致させるように電流制御する．なお，図中，i_d は電流の目標値を意味し，**電流制御器**は，制御量 i_a が目標電流 i_d に一致するように，モータ電圧 e を操作量としてモータ電流を制御している．

電流制御器が適切に機能して $i_a = i_d$，つまり $\tau = \tau_d$ が満たされているならば，角度制御器は制御対象に対し，「操作量としてモータトルクを出力する」と表現しなおすことができる (4.1 節)．そして，$\tau = \tau_d$ を満たしているなら，本来の角度制御器からの出力信号 τ_d を用いるのではなく，モータトルク τ を用いて，図 5.1 の**角度制御システム**を図 5.2 のように表現できる．

それでは，この簡単化された図 5.2 に **PI 制御**または **PD 制御**を適用して制御してみよう．まず，モータトルク τ を入力，θ を出力とするので，次式が成り立つ．

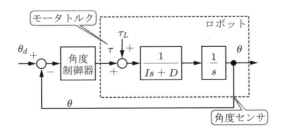

図 5.2 電流制御で $\tau = \tau_d$ を満足するときの角度制御システム

94 第5章　ロボットアームの制御

$$\theta(s) = \frac{1}{Is + D} \cdot \frac{1}{s} \tau(s) + \frac{1}{Is + D} \cdot \frac{1}{s} \tau_L(s) \tag{5.1}$$

制御対象内に積分要素 $1/s$ がないときは PI 制御が適し，あるときは PD 制御が適する．ここで，この式 (5.1) には積分要素 $1/s$ が含まれているので，PD 制御を採用する（図 5.2 の角度制御器ブロックに $k_p + k_d s$ を入れる）．そして，目標角度を $\theta_d(s)$ として，θ_d と θ の関係を明確にするために負荷トルクがない（つまり，$\tau_L = 0$）として図 5.2 を式で表すと，

$$\theta(s) = \frac{k_p + k_d s}{(Is + D)s} \{\theta_d(s) - \theta(s)\}$$

となる．よって，閉ループ系の伝達関数 $G_c(s) = \theta(s)/\theta_d(s)$ を計算すると，次のように得られる．

$$G_c(s) = \frac{k_d s + k_p}{Is^2 + (D + k_d)s + k_p} \tag{5.2}$$

伝達関数が式 (5.2) 程度の簡単な系であるなら，ゲイン k_p, k_d を適切に付与することで，式 (5.2) を任意の時定数の一次遅れ系にすることができる．次の例題で試してみよう．

例題5.1　PD 制御のゲイン

図 5.2 の角度制御器で PD 制御が適用され，θ_d を目標値，θ を制御量とするシステムが，時定数 T の一次遅れ系と等価になるゲイン k_p と k_d を求めよ．

解答　式 (5.2) を $1/(1 + Ts)$ に置き換えることができる二つのゲインを求める問題である．よって，

$$G_c(s) = \frac{k_d s + k_p}{Is^2 + (D + k_d)s + k_p} = \frac{1}{1 + Ts} \tag{5.3}$$

とし，式 (5.3) の分母を払えば，次のようになる．

$$k_d Ts^2 + (k_d + k_p)Ts + k_p = Is^2 + (D + k_d)s + k_p \tag{5.4}$$

ラプラス演算子に関する各係数を比較して，

$$
\begin{aligned}
k_p &= \frac{D}{T} \\
k_d &= \frac{I}{T}
\end{aligned}
\tag{5.5}
$$

と導かれる．

制御対象が簡単な場合は，例題 5.1 のように理論的に導き出せることもある．しかし，制御方法が PID 制御である（ゲインが三つある）場合や，多関節のロボットアームのように系が複雑である場合は，ゲインを簡単に導くことができず，試行錯誤や経験則で決めることがほとんどである．ゲイン選定時には，システムを不安定にしないよう細心の注意を払う必要がある．

5.2　2自由度ロボットアームの位置制御（PD 制御）

アーク溶接や塗装など，外部環境と直接接触することなくアーム先端を**目標軌道**に沿って移動させる場合は，位置制御を適用する．そして，2 自由度であれば，ロボット先端の位置を XY 座標の特定位置へ制御することができる．ただし，各座標を直接計測して，x 信号や y 信号をフィードバック制御するわけではなく，関節に取り付けられたポテンショメータ，ロータリーエンコーダ，ジャイロセンサで計測した角度や角速度をフィードバックして制御する．また，このフィードバック制御で必要になる目標角度 θ_d は，アーム先端の目標座標から逆運動学により算出して，ロボットの関節角度 θ を目標角度 θ_d に近づけるように制御する．

すでに 3.4.3 項において，アーム先端の**軌道制御**における目標角度の設定方法について説明した．ロボットアームの運動方程式は p.83 の式 (4.79) にもとづき，式 (5.6) となる．

$$M(\boldsymbol{\theta})\ddot{\boldsymbol{\theta}} + h(\boldsymbol{\theta},\dot{\boldsymbol{\theta}}) + g(\boldsymbol{\theta}) = \boldsymbol{\tau} + \boldsymbol{\tau}_L \qquad (4.79\,\text{再})$$

$$\begin{bmatrix} M_{11} & M_{12} \\ M_{21} & M_{22} \end{bmatrix}\begin{bmatrix} \ddot{\theta}_1 \\ \ddot{\theta}_2 \end{bmatrix} + \begin{bmatrix} h_1 \\ h_2 \end{bmatrix} + \begin{bmatrix} g_1 \\ g_2 \end{bmatrix} = \begin{bmatrix} \tau_1 \\ \tau_2 \end{bmatrix} + \begin{bmatrix} \tau_{L1} \\ \tau_{L2} \end{bmatrix} \qquad (5.6)$$

なお，操作量は τ_1，τ_2，出力は θ_1，θ_2 である．また，本節では，アーム先端と外部環境が非接触であるため，$\tau_{L1}=0$，$\tau_{L2}=0$ である．**逆運動学**によって作り出された目標角度 θ_{1d}，θ_{2d} とセンサが取得した角度 θ_1，θ_2 を用いて，PD 制御系を構築すれば，次の 2 式が得られる．

$$\tau_1 = k_{p1}(\theta_{1d} - \theta_1) + k_{d1}\frac{d(\theta_{1d} - \theta_1)}{dt} \qquad (5.7)$$

$$\tau_2 = k_{p2}(\theta_{2d} - \theta_2) + k_{d2}\frac{d(\theta_{2d} - \theta_2)}{dt} \qquad (5.8)$$

なお，角速度 ω_1，ω_2 も計測が容易であるため，フィードバック信号として積極活用すべき物理量である．活用した場合，$\omega_1 = d(\theta_{1d} - \theta_1)/dt$ などより，次のようになる．

$$\tau_1 = k_{p1}(\theta_{1d} - \theta_1) - k_{d1}\omega_1 \tag{5.9}$$
$$\tau_2 = k_{p2}(\theta_{2d} - \theta_2) - k_{d2}\omega_2 \tag{5.10}$$

ここで，k_{p1}, k_{d1}, k_{p2}, k_{d2} の各ゲインについては，試行錯誤で適切な値を慎重に求める必要がある．次の例題 5.2 で具体的に制御系設計をしてみよう．

例題5.2　ロボットアームの位置制御

図 4.15（p.78）の 2 自由度系で，ロボットの各パラメータが基盤コード（p.85）と同じ場合において，図 5.3 の軌跡をロボットアーム先端に描かせるための位置制御系を構築せよ．つまり，ロボット系へ与える二つのトルクを求めよ．コリオリ力，遠心力，重力については補償†しなくてもよい．また，外力は加わっていないものとする．

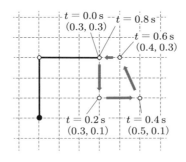

図 5.3　アーム先端の目標軌道

解答例　制御系の構築方法はさまざまで，唯一の正解があるわけではない．ここでは，その一例を示す．

まずは，各区間における軌道に着目して，制御周期（操作量となるトルクの更新周期）ごとに変化する位置の微小変化量 Δx，Δy を求める．なお，制御周期を時間刻み h と同じ 0.001 秒と設定すれば，$t = 0.2\,\mathrm{s}$ に達するまでに操作量は 200 回更新される．分割数 N を 200 とした場合，式 (3.79)（p.59）によって，次のように得られる．

$$\Delta x = \frac{x_{\mathrm{fin}} - x_{\mathrm{ini}}}{N} = \frac{0.3 - 0.3}{200} = 0$$
$$\Delta y = \frac{y_{\mathrm{fin}} - y_{\mathrm{ini}}}{N} = \frac{0.1 - 0.3}{200} = -0.001$$

---

† ロボットアームは操作量（トルク）を含む運動方程式で動作の仕方が決まる．p.83 にある式 (4.79) の $\boldsymbol{h}(\boldsymbol{\theta},\dot{\boldsymbol{\theta}})$ や $\boldsymbol{g}(\boldsymbol{\theta})$ と同じ式（推定でよい）を操作量に加えると，相殺し合って $\boldsymbol{h}(\boldsymbol{\theta},\dot{\boldsymbol{\theta}})$ や $\boldsymbol{g}(\boldsymbol{\theta})$ の影響を受けない動作を実現できる．このような安定化技術を補償という．たとえば，操作量 τ の式に重力を推定する重力項 $\boldsymbol{g}(\boldsymbol{\theta})$ が含まれるなら，重力補償されていることになる．

5.2 2自由度ロボットアームの位置制御（PD制御）　　**97**

　0.001秒後，アームの先端位置が $(0.3, 0.3)$ から $(0.3, 0.299)$ に移っているなら，Δx, Δy を次の更新時に設定するときも，$\Delta x = 0$ と $\Delta y = -0.001$ にすればよいが，0.001秒後の アームの先端位置は $(0.3, 0.299)$ にはない．なぜなら，$t = 0.0\,\mathrm{s}$ のときに下向きの速度が 0 であるので，加速させるためだけに時間を要し，位置自体はあまり変化しないためである． そのため，本書では軌道生成方法として，更新回数が j 番目のアーム先端位置を (x_L, y_L) としたとき，次式を用いて，制御周期ごとの位置の微小変化量を更新していく．

$$\Delta x = \frac{x_{\mathrm{fin}} - x_L}{N - j}, \quad \Delta y = \frac{y_{\mathrm{fin}} - y_L}{N - j} \tag{5.11}$$

この式 (5.11) は便宜上のものである．本格的には他書[3.7] で学んでほしい．

　現在位置 x_L, y_L はセンサ計測が難しいため，各関節角度 θ_1, θ_2 を次に示す順運動学の 式 (5.12) に代入して得る．ただし，$S_1 = \sin\theta_1$, $C_1 = \cos\theta_1$, $S_{12} = \sin(\theta_1 + \theta_2)$, $C_{12} = \cos(\theta_1 + \theta_2)$ とおいている．

$$\begin{bmatrix} x_L \\ y_L \end{bmatrix} = \begin{bmatrix} L_1 C_1 + L_2 C_{12} \\ L_1 S_1 + L_2 S_{12} \end{bmatrix} \tag{5.12}$$

つまり，Δx, Δy は次式で求める．

$$\begin{bmatrix} \Delta x \\ \Delta y \end{bmatrix} = \begin{bmatrix} (x_{\mathrm{fin}} - L_1 C_1 - L_2 C_{12})/(N - j) \\ (y_{\mathrm{fin}} - L_1 S_1 - L_2 S_{12})/(N - j) \end{bmatrix}$$

　Δx, Δy が求められたら，次の目標角度 $\theta_{1d}(j+1)$, $\theta_{2d}(j+1)$ を求める．そのために， まず，次に示すロボットアームのヤコビ行列 $\boldsymbol{J}$ の逆行列 $\boldsymbol{J}^{-1}$ を求めなければならない．

$$\boldsymbol{J} = \begin{bmatrix} -L_1 S_1 - L_2 S_{12} & -L_2 S_{12} \\ L_1 C_1 + L_2 C_{12} & L_2 C_{12} \end{bmatrix} \tag{5.13}$$

$$\boldsymbol{J}^{-1} = \begin{bmatrix} C_{12}/L_1 S_2 & S_{12}/L_1 S_2 \\ -(L_1 C_1 + L_2 C_{12})/L_1 L_2 S_2 & -(L_1 S_1 + L_2 S_{12})/L_1 L_2 S_2 \end{bmatrix} \tag{5.14}$$

式 (5.14) のように得られた $\boldsymbol{J}^{-1}$ を用いることで，θ_{1d}, θ_{2d} に関する更新式は次のように導 かれる．ここで，$S_2 = \sin\theta_2$ である．

$$\theta_{1d}(j+1) = \theta_{1d}(j) + \frac{C_{12}}{L_1 S_2}\Delta x + \frac{S_{12}}{L_1 S_2}\Delta y \tag{5.15}$$

$$\theta_{2d}(j+1) = \theta_{2d}(j) - \frac{L_1 C_1 + L_2 C_{12}}{L_1 L_2 S_2}\Delta x - \frac{L_1 S_1 + L_2 S_{12}}{L_1 L_2 S_2}\Delta y \tag{5.16}$$

　導かれた式 (5.15) と式 (5.16) によって角度の目標値が明確にできるので，次に，それら を用いて PD 制御によって操作量（トルク）を求める．トルク τ_1, τ_2 は，計測された θ_1, θ_2, ω_1, ω_2 と式 (5.9) と式 (5.10) にもとづいて，次のように得られる．

$$\tau_1 = k_{p1}\{\theta_{1d}(j+1) - \theta_1\} - k_{d1}\omega_1 \tag{5.17}$$

$$\tau_2 = k_{p2}\{\theta_{2d}(j+1) - \theta_2\} - k_{d2}\omega_2 \tag{5.18}$$

システム全体のブロック線図を図 5.4 に示す．この例題では，試行錯誤のうえ，$k_{p1} = k_{p2} = 5000$，$k_{d1} = k_{d2} = 50$ と設定して制御すれば，比較的安定した制御結果が得られる．シミュレーションに用いた制御用プログラムを例題 5.2 用コードに示し，その後に実行結果の XY 座標を示す（本コードには外力と制御器の部分のみを示す．他の箇所は第 4 章の基盤コードを参照）．このプログラムの実行結果について，0.04 秒ごとに丸印のプロットで表現した移動軌跡を図 5.5 に示す．

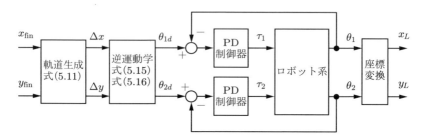

図 5.4 位置制御系のブロック線図（2 自由度アーム，PD 制御）

例題 5.2 用コード　2 自由度ロボットアームの位置制御

```
// ----- ●○ 外力 ○● -----
FLx = 0.0;
FLy = 0.0;
FL = 0.0;
// ----- △▲ 制御器 ▲△-----
if       (i >=  0 && i <= 200){ Xd=0.3; Yd=0.1;}
else if (i > 200 && i <= 400){ Xd=0.5; Yd=0.1;}
else if (i > 400 && i <= 600){ Xd=0.4; Yd=0.3;}
else if (i > 600 && i <= 800){ Xd=0.3; Yd=0.3;}
if (j == 199) j = 0;
else          j++;
dx = (Xd - Xp) / (double)(N - j);
dy = (Yd - Yp) / (double)(N - j);

DJ = L1*L2*sin(z2);
zd1 += L2 / DJ*cos(z1 + z2)*dx
     + L2 / DJ*sin(z1 + z2)*dy;
zd2 += (-L1*cos(z1) - L2*cos(z1 + z2)) / DJ*dx
     + (-L1*sin(z1) - L2*sin(z1 + z2)) / DJ*dy;

tau1 = 5000.0*(zd1 - z1) - 50.0*w1;
tau2 = 5000.0*(zd2 - z2) - 50.0*w2;
```

5.2 2自由度ロボットアームの位置制御（PD制御）

アーム先端の XY 座標（位置制御の実行結果）

```
i=  0 (X,Y) = ( 0.300, Y= 0.300)    i=270 (X,Y) = ( 0.365, Y= 0.095)    i=540 (X,Y) = ( 0.433, Y= 0.234)
i= 10 (X,Y) = ( 0.299, Y= 0.298)    i=280 (X,Y) = ( 0.375, Y= 0.095)    i=550 (X,Y) = ( 0.428, Y= 0.244)
i= 20 (X,Y) = ( 0.297, Y= 0.291)    i=290 (X,Y) = ( 0.386, Y= 0.095)    i=560 (X,Y) = ( 0.422, Y= 0.255)
i= 30 (X,Y) = ( 0.297, Y= 0.281)    i=300 (X,Y) = ( 0.396, Y= 0.094)    i=570 (X,Y) = ( 0.416, Y= 0.267)
i= 40 (X,Y) = ( 0.298, Y= 0.269)    i=310 (X,Y) = ( 0.406, Y= 0.093)    i=580 (X,Y) = ( 0.409, Y= 0.280)
i= 50 (X,Y) = ( 0.299, Y= 0.255)    i=320 (X,Y) = ( 0.417, Y= 0.093)    i=590 (X,Y) = ( 0.402, Y= 0.293)
i= 60 (X,Y) = ( 0.300, Y= 0.242)    i=330 (X,Y) = ( 0.427, Y= 0.094)    i=600 (X,Y) = ( 0.397, Y= 0.306)
i= 70 (X,Y) = ( 0.300, Y= 0.231)    i=340 (X,Y) = ( 0.438, Y= 0.095)    i=610 (X,Y) = ( 0.391, Y= 0.314)
i= 80 (X,Y) = ( 0.300, Y= 0.220)    i=350 (X,Y) = ( 0.448, Y= 0.096)    i=620 (X,Y) = ( 0.386, Y= 0.316)
i= 90 (X,Y) = ( 0.299, Y= 0.211)    i=360 (X,Y) = ( 0.459, Y= 0.097)    i=630 (X,Y) = ( 0.383, Y= 0.313)
i=100 (X,Y) = ( 0.298, Y= 0.202)    i=370 (X,Y) = ( 0.469, Y= 0.098)    i=640 (X,Y) = ( 0.381, Y= 0.308)
i=110 (X,Y) = ( 0.298, Y= 0.193)    i=380 (X,Y) = ( 0.480, Y= 0.099)    i=650 (X,Y) = ( 0.379, Y= 0.302)
i=120 (X,Y) = ( 0.298, Y= 0.183)    i=390 (X,Y) = ( 0.491, Y= 0.099)    i=660 (X,Y) = ( 0.376, Y= 0.297)
i=130 (X,Y) = ( 0.298, Y= 0.172)    i=400 (X,Y) = ( 0.502, Y= 0.100)    i=670 (X,Y) = ( 0.372, Y= 0.294)
i=140 (X,Y) = ( 0.298, Y= 0.161)    i=410 (X,Y) = ( 0.506, Y= 0.100)    i=680 (X,Y) = ( 0.367, Y= 0.294)
i=150 (X,Y) = ( 0.298, Y= 0.150)    i=420 (X,Y) = ( 0.504, Y= 0.102)    i=690 (X,Y) = ( 0.360, Y= 0.295)
i=160 (X,Y) = ( 0.298, Y= 0.140)    i=430 (X,Y) = ( 0.499, Y= 0.108)    i=700 (X,Y) = ( 0.353, Y= 0.298)
i=170 (X,Y) = ( 0.298, Y= 0.129)    i=440 (X,Y) = ( 0.493, Y= 0.119)    i=710 (X,Y) = ( 0.346, Y= 0.301)
i=180 (X,Y) = ( 0.298, Y= 0.119)    i=450 (X,Y) = ( 0.487, Y= 0.133)    i=720 (X,Y) = ( 0.340, Y= 0.303)
i=190 (X,Y) = ( 0.299, Y= 0.109)    i=460 (X,Y) = ( 0.480, Y= 0.149)    i=730 (X,Y) = ( 0.334, Y= 0.304)
i=200 (X,Y) = ( 0.300, Y= 0.098)    i=470 (X,Y) = ( 0.473, Y= 0.166)    i=740 (X,Y) = ( 0.329, Y= 0.303)
i=210 (X,Y) = ( 0.303, Y= 0.089)    i=480 (X,Y) = ( 0.466, Y= 0.181)    i=750 (X,Y) = ( 0.324, Y= 0.302)
i=220 (X,Y) = ( 0.311, Y= 0.084)    i=490 (X,Y) = ( 0.459, Y= 0.193)    i=760 (X,Y) = ( 0.320, Y= 0.300)
i=230 (X,Y) = ( 0.322, Y= 0.084)    i=500 (X,Y) = ( 0.453, Y= 0.204)    i=770 (X,Y) = ( 0.316, Y= 0.298)
i=240 (X,Y) = ( 0.333, Y= 0.088)    i=510 (X,Y) = ( 0.448, Y= 0.212)    i=780 (X,Y) = ( 0.311, Y= 0.297)
i=250 (X,Y) = ( 0.344, Y= 0.091)    i=520 (X,Y) = ( 0.443, Y= 0.219)    i=790 (X,Y) = ( 0.305, Y= 0.298)
i=260 (X,Y) = ( 0.354, Y= 0.094)    i=530 (X,Y) = ( 0.438, Y= 0.226)    i=800 (X,Y) = ( 0.299, Y= 0.299)
```

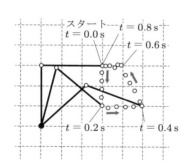

図 5.5 2自由度ロボットアームの目標軌道（解答）

プログラム内において，各変数は以下のとおりの文字で表現している．また，アーム先端位置座標 (x_L, y_L) は，プログラム内では (Xp,Yp) である．

$$\begin{bmatrix}\theta_1\\\theta_2\end{bmatrix}=\begin{bmatrix}\text{z1}\\\text{z2}\end{bmatrix},\quad \begin{bmatrix}\theta_{1d}\\\theta_{2d}\end{bmatrix}=\begin{bmatrix}\text{zd1}\\\text{zd2}\end{bmatrix},\quad \begin{bmatrix}\omega_1\\\omega_2\end{bmatrix}=\begin{bmatrix}\text{w1}\\\text{w2}\end{bmatrix},\quad \begin{bmatrix}\Delta x\\\Delta y\end{bmatrix}=\begin{bmatrix}\text{dx}\\\text{dy}\end{bmatrix}$$

100　第5章　ロボットアームの制御

5.3　位置と力のハイブリッド制御

5.2 節で述べた位置制御は，溶接や塗装など自由空間内でアーム先端を非接触の状態で移動させる場合には用いることができるが，研磨，ガラス清掃，ワークの把持，作業者とロボットによる協調運搬，要介護者（肢体不自由で寝たきりの者）の持ち上げなど，アームの先端が外部環境と接触する場合においては，位置だけではなく力も制御する必要がある．そのために，アームの先端に力や圧力を感知できるセンサを取り付けて，フィードバック制御をする．センサには，力を感知できるひずみゲージや導電性エラストマーなど，さまざまなものがある．ほとんどのセンサは，力が加わることで変形する微小変位を電気信号に変換している．なお，ロボットアームの関節角度を θ，目標角度を θ_d としたとき，偏差 $\theta_d - \theta$ の大きさで外力を推定することもできるので，センサが必ず必要というわけでもないが，センサを用いたほうが優れた制御系を構築できる．

アーム先端に力を意図的に加えるかどうかで用いる制御方法が変わる．以下の二つはその代表例である．

- ハイブリッド制御（本節で解説）
  力を掛ける方向と移動方向が直角をなす場合に活用する．つねに力を加えている．
  利用例：表面研磨，ガラス清掃
- 機械インピーダンス制御（5.4 節で解説）
  移動中の意図しない接触に備えた安全志向の制御方法．必要に応じて適切な力を加える．
  利用例：ワーク把持，作業者との協調作業，介護用ロボット

ハイブリッド制御を考えるときは，金属の表面を研磨するロボットを想像するのがわかりやすい．アームの先端に取り付けられた砥石を金属の表面に適切な力で押し当てて，面の隅々まで移動し研磨する．そのとき，位置制御と，一定の力で押し付けるための力制御の両方が必要である．そして，位置制御によりロボットアーム先端が動く方向と，力を加える方向が直交していることが重要である．たとえば，金属表面が曲面であったとしても，アーム先端の移動方向は，力が加わっている方向とは直交している．

問題を簡単化するため，図 5.6 に示す XY 平面上で動く 2 自由度系ロボットアームについて考えてみよう．図の右側にある壁に対して，ある 1 点でアーム先端が接触している．接触を保ちながらアームを動かす場合は，その接触点における接線方向にのみロボットアームは移動することができる．そして，ロボットが壁を押す力とその反

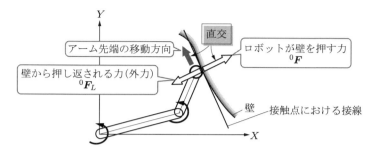

図 5.6 アーム先端の移動方向と力が掛かる方向の関係

力は，必ず接線に垂直な方向に掛かる．つまり，移動方向と力の掛かる方向が直交していることがわかる．また，アーム先端位置の運動制御は，壁の接線方向に限られるため 1 自由度になり，もう 1 自由度は壁を押すために用いられる．

アーム先端の移動方向と力の方向が直交していれば，移動にともなう位置制御系と，押し当てにともなう力制御系が影響し合わないため，それぞれ独立した制御系を構築することが可能である．

まず，**壁拘束座標系**について学ぶ．壁拘束座標系とは，アーム先端の接触部に設けられるローカル座標系である．たとえば，図 5.7(a) のように，壁が Y 軸と平行である場合，力は X 軸方向に，移動は Y 軸方向になる．そのとき，(X_w, Y_w) で定義する壁拘束座標系は，ワールド座標系と一致するように設定する．また，図 5.7(b) のように，壁の角度が θ_w 傾いているときは，壁拘束座標系はワールド座標系に対して θ_w だけ傾いている．壁を力 $^w\boldsymbol{F} = [F, 0]^T$ で押すとき，ワールド座標系における XY 各方向成分は，$^0\boldsymbol{F} = [F_x, F_y]^T = [F\cos\theta_w, F\sin\theta_w]^T$ として得られる．また，壁面に沿って移動方向に変位量 Δp で動いているとき，ワールド座標系で，アーム先端は $^0\Delta\boldsymbol{p} = [\Delta x, \Delta y]^T = [-\Delta p \sin\theta_w, \Delta p \cos\theta_w]^T$ に動いている．そのとき，$\Delta p = \sqrt{\Delta x^2 + \Delta y^2}$

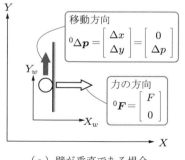
（a）壁が垂直である場合

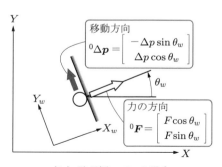
（b）壁が傾いている場合

図 5.7 壁拘束座標系

102 第 5 章 ロボットアームの制御

である.

回転変換行列で表現すれば，力と移動変位はそれぞれ次のように表現される.

$$\begin{bmatrix} F_x \\ F_y \end{bmatrix} = {}^0\boldsymbol{F} = \begin{bmatrix} \cos\theta_w & -\sin\theta_w \\ \sin\theta_w & \cos\theta_w \end{bmatrix} \begin{bmatrix} S_1 & 0 \\ 0 & S_2 \end{bmatrix} \begin{bmatrix} F \\ 0 \end{bmatrix} \tag{5.19}$$

$$\begin{bmatrix} \Delta x \\ \Delta y \end{bmatrix} = {}^0\Delta\boldsymbol{p} = \begin{bmatrix} \cos\theta_w & -\sin\theta_w \\ \sin\theta_w & \cos\theta_w \end{bmatrix} \left(\begin{bmatrix} 1 & 0 \\ 0 & 1 \end{bmatrix} - \begin{bmatrix} S_1 & 0 \\ 0 & S_2 \end{bmatrix} \right) \begin{bmatrix} 0 \\ \Delta p \end{bmatrix} \tag{5.20}$$

一番右のベクトル $[F, 0]^T$, $[0, \Delta p]^T$ は，それぞれ壁拘束座標における力の方向，移動の方向を示している. また，S_1 と S_2 で構成される行列は，**適合選択行列**（compliance selection matrix）といい，X_w 軸方向に力が掛かるときは，$S_1 = 1$ として他を 0 にする. この図 5.7 の例でも，$S_1 = 1$, $S_2 = 0$ とする. もし，Y_w 軸方向に力が掛かっていれば，$S_2 = 1$ として他を 0 にする. 具体的には次のようになる.

$$\begin{bmatrix} F_x \\ F_y \end{bmatrix} = \begin{bmatrix} \cos\theta_w & -\sin\theta_w \\ \sin\theta_w & \cos\theta_w \end{bmatrix} \begin{bmatrix} 1 & 0 \\ 0 & 0 \end{bmatrix} \begin{bmatrix} F \\ 0 \end{bmatrix} \quad \text{（力が } X_w \text{ 軸方向の場合）} \tag{5.21}$$

$$\begin{bmatrix} F_x \\ F_y \end{bmatrix} = \begin{bmatrix} \cos\theta_w & -\sin\theta_w \\ \sin\theta_w & \cos\theta_w \end{bmatrix} \begin{bmatrix} 0 & 0 \\ 0 & 1 \end{bmatrix} \begin{bmatrix} 0 \\ F \end{bmatrix} \quad \text{（力が } Y_w \text{ 軸方向の場合）} \tag{5.22}$$

この適合選択行列はあってもなくても，式の形は力や移動変位のベクトルで決まるので，一見不要に思えるが，自由度の多いロボットを制御するときに式を整理してわかりやすくできる. なお，$[F_x, F_y]^T$ と $[\Delta x, \Delta y]^T$ は直交しているので，内積計算すると 0 になる.

以上のことを念頭において，ハイブリッド制御の制御系について説明する. まず，位置制御について考えよう. 逆運動学により導かれた式 (3.70) の目標角度更新式が活用できる（p.97 の式 (5.15), (5.16) を参考にしてもよい）.

$$\begin{bmatrix} \theta_{1d}(j+1) \\ \theta_{2d}(j+1) \end{bmatrix} = \begin{bmatrix} \theta_{1d}(j) \\ \theta_{2d}(j) \end{bmatrix} + \boldsymbol{J}^{-1} \begin{bmatrix} \Delta x \\ \Delta y \end{bmatrix} \tag{3.70 再}$$

ただし，アーム先端が壁に拘束されて，移動できる方向が 1 方向に限定されるので，式 (5.20) を p.58 の式 (3.70) に代入して得られる次式を用いることになる.

$$\begin{bmatrix} \theta_{1d}(j+1) \\ \theta_{2d}(j+1) \end{bmatrix} = \begin{bmatrix} \theta_{1d}(j) \\ \theta_{2d}(j) \end{bmatrix} + \boldsymbol{J}^{-1} \begin{bmatrix} \cos\theta_w & -\sin\theta_w \\ \sin\theta_w & \cos\theta_w \end{bmatrix} \begin{bmatrix} 0 \\ \Delta p \end{bmatrix} \tag{5.23}$$

目標角度 θ_{1d}, θ_{2d} が決まれば，その角度にもとづいて，p.96 の式 (5.9), (5.10) の PD

制御の式を少し変更した次式で，トルク τ_{p1}，τ_{p2} を求める（変更は，変数 τ や係数 k の下付き文字に p を付けただけ．例：$\tau_1 \Rightarrow \tau_{p1}$）．

$$\tau_{p1} = k_{pp1}\{\theta_{1d}(j+1) - \theta_1\} - k_{pd1}\omega_1 \tag{5.24}$$

$$\tau_{p2} = k_{pp2}\{\theta_{2d}(j+1) - \theta_2\} - k_{pd2}\omega_2 \tag{5.25}$$

次に，力制御について考える．壁面に対する目標押し付け力を F_d として，現在の押し付け力 F が F_d に近づく制御系を構築する場合，操作量がトルクで制御量が力の系となり，伝達関数内に積分要素が存在しないため，PI 制御が望ましい．そこで，式 (5.19) にもとづいて，次のように τ_{f1}，τ_{f2} を計算する．

$$\begin{bmatrix} \tau_{f1} \\ \tau_{f2} \end{bmatrix} = \begin{bmatrix} k_{fp1} & 0 \\ 0 & k_{fp2} \end{bmatrix} \boldsymbol{J}^T \begin{bmatrix} \cos\theta_w & -\sin\theta_w \\ \sin\theta_w & \cos\theta_w \end{bmatrix} \begin{bmatrix} F_d - F \\ 0 \end{bmatrix}$$
$$+ \begin{bmatrix} k_{fi1} & 0 \\ 0 & k_{fi2} \end{bmatrix} \boldsymbol{J}^T \int_0^t \begin{bmatrix} \cos\theta_w & -\sin\theta_w \\ \sin\theta_w & \cos\theta_w \end{bmatrix} \begin{bmatrix} F_d - F \\ 0 \end{bmatrix} dt \tag{5.26}$$

行列表記で，比例ゲイン k_{fp1}，k_{fp2} の行列を $\boldsymbol{k}_{fp}$，積分ゲイン k_{fi1}，k_{fi2} の行列を $\boldsymbol{k}_{fi}$，回転変換行列を ${}_w^0\boldsymbol{R}$，$[F_d - F, 0]^T$ を $\boldsymbol{F}_{err}$ と変数定義すると，式 (5.26) は，次のように表現することもできる．

$$\boldsymbol{\tau}_f = \boldsymbol{k}_{fp}\boldsymbol{J}^T{}_w^0\boldsymbol{R}\boldsymbol{F}_{err} + \boldsymbol{k}_{fi}\boldsymbol{J}^T \int_0^t {}_w^0\boldsymbol{R}\boldsymbol{F}_{err}\, dt \tag{5.27}$$

最終的に，ハイブリッド制御で用いる操作量（トルク τ_1，τ_2）は，式 (5.24)，(5.25) と式 (5.26) の和として，次式で得ることができる．

$$\begin{bmatrix} \tau_1 \\ \tau_2 \end{bmatrix} = \begin{bmatrix} \tau_{p1} \\ \tau_{p2} \end{bmatrix} + \begin{bmatrix} \tau_{f1} \\ \tau_{f2} \end{bmatrix} \tag{5.28}$$

では，具体的に次の例題でハイブリッド制御の制御系設計をしてみよう．

例題5.3 位置と力のハイブリッド制御

図 4.15（p.78）の 2 自由度系を制御対象として，ロボットの各パラメータが基盤コード（p.85）内と同じ場合において，図 5.8 の軌跡をロボットのアーム先端に描かせる．ばね定数 100000 N/m の弾性体で作られた壁があり，アーム先端が壁に接触しているときは，壁を 200 N の力で押す必要があるとする．以上を達成するための位置制御系とハイブリッド制御系を構築せよ．コリオリ力，遠心力，重力の補償はしなくてもよい．

第 5 章 ロボットアームの制御

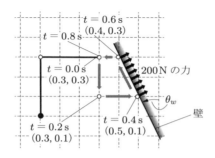

図 5.8 2 自由度ロボットアームの目標軌道（途中から壁を押す）

[解答例] 例題 5.2 と同様，制御系の構築方法は唯一ではないので，一例をここに記す．

$t=0.0\,\mathrm{s}$ から $t=0.4\,\mathrm{s}$ までと，$t=0.6\,\mathrm{s}$ から $t=0.8\,\mathrm{s}$ までの区間はロボットアームの先端が壁に接していないため，単純な位置制御となる．式 (5.15) と式 (5.16) にもとづいて目標角度を算出し，その目標角度になるように式 (5.9) と式 (5.10) で PD 制御する．

$t=0.4\,\mathrm{s}$ から $t=0.6\,\mathrm{s}$ までの区間では，アームの先端が壁に接触するので，ハイブリッド制御系を構築しなければならない．まず，アーム先端が壁に接触しながら移動可能な方向（接線方向）を明確化する．この例題の場合は，壁が直線状となっており，時間の経過とともに壁の接線ベクトルが変化しないので簡単である．図 5.8 では，角度 θ_w だけ壁が傾いているので，その θ_w の値を求める．θ_w は図 5.9 を参考に $\tan^{-1}(0.1/0.2) \cong 26.6°$ と求めることができる．コントローラは θ_w の値を知らないので，$\tan^{-1}(\Delta x/\Delta y)$ で予測する．

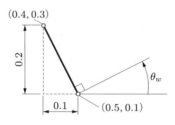

図 5.9 壁の傾き角

例題 5.2 と同じく，軌道制御を

$$\Delta x = \frac{x_\mathrm{fin} - x_L}{N-j}, \quad \Delta y = \frac{y_\mathrm{fin} - y_L}{N-j}$$

で定めれば，式 (5.23) に代入すべき Δp の値は $\sqrt{\Delta x^2 + \Delta y^2}$ で算出できる．θ_w と Δp を式 (5.23) へ代入して得られた目標角度 $\theta_{1d}(j+1)$，$\theta_{2d}(j+1)$ にもとづいて，式 (5.24) と式 (5.25) で，PD 制御をすれば，τ_{p1} と τ_{p2} が算出できる．なお，この例題の場合，試行錯誤により k_{pp1} と k_{pp2} を 25000，k_{pd1} と k_{pd2} を 250 に設定すれば，安定した動きの制御結

5.3 位置と力のハイブリッド制御 **105**

果が得られる.

次に，力制御に関して説明する．壁から押し返される力，つまり外力 F_L を力覚センサで計測し，符号を逆転すれば，アーム先端が壁を押している力 $F\,(=-F_L)$ を知ることができる．式 (5.13) のヤコビ行列と，試行錯誤で設定した $k_{fp1}=k_{fp2}=50,\ k_{fd1}=k_{fd2}=5$ を

$$
\begin{bmatrix} \tau_{f1} \\ \tau_{f2} \end{bmatrix} = \begin{bmatrix} k_{fp1} & 0 \\ 0 & k_{fp2} \end{bmatrix} \boldsymbol{J}^T \begin{bmatrix} \cos\theta_w & -\sin\theta_w \\ \sin\theta_w & \cos\theta_w \end{bmatrix} \begin{bmatrix} F_d - (-F_L) \\ 0 \end{bmatrix}
$$
$$
+ \begin{bmatrix} k_{fi1} & 0 \\ 0 & k_{fi2} \end{bmatrix} \boldsymbol{J}^T \sum_i \begin{bmatrix} \cos\theta_w & -\sin\theta_w \\ \sin\theta_w & \cos\theta_w \end{bmatrix} \begin{bmatrix} F_d - \{-F_L(i)\} \\ 0 \end{bmatrix}
$$

(5.26 改)

に代入すれば，τ_{f1} と τ_{f2} が算出される．なお，式 (5.26 改) は，式 (5.26) の連続の式を，離散化してプログラミング可能な式に書き換えている．$\sum$ 記号の下の i と $F_L(i)$ の i は，外力が計測されるようになってからのカウント数を指す．操作量となるトルク τ_1，τ_2 は式 (5.24)，(5.25) と式 (5.26 改) の和で得られる．

例題 5.3 用コードに，本例題のプログラムを記す．プログラム内において，各変数は以下のとおりの文字で表現している．

$$\theta_w = \texttt{zw}, \quad \Delta p = \texttt{dp}$$
$$
\begin{bmatrix} \theta_1 \\ \theta_2 \end{bmatrix} = \begin{bmatrix} \texttt{z1} \\ \texttt{z2} \end{bmatrix}, \quad \begin{bmatrix} \theta_{1d} \\ \theta_{2d} \end{bmatrix} = \begin{bmatrix} \texttt{zd1} \\ \texttt{zd2} \end{bmatrix}, \quad \begin{bmatrix} \omega_1 \\ \omega_2 \end{bmatrix} = \begin{bmatrix} \texttt{w1} \\ \texttt{w2} \end{bmatrix}, \quad \begin{bmatrix} \Delta x \\ \Delta y \end{bmatrix} = \begin{bmatrix} \texttt{dx} \\ \texttt{dy} \end{bmatrix}
$$
$$
\begin{bmatrix} \tau_{p1} \\ \tau_{p2} \end{bmatrix} = \begin{bmatrix} \texttt{tauP1} \\ \texttt{tauP2} \end{bmatrix}, \quad \begin{bmatrix} \tau_{f1} \\ \tau_{f2} \end{bmatrix} = \begin{bmatrix} \texttt{tauF1} \\ \texttt{tauF2} \end{bmatrix}
$$

シミュレーションプログラミングを行うには，外力 F_L を与える必要がある．壁を表す直線の式は $Y_p = -2.0X_p + 1.1$ なので，$Y_p > -2.0X_p + 1.1$ のとき，先端 (X_p, Y_p) は壁に食い込んでおり，先端には壁からの力を受ける．ここでは一例として，外力 F_L とその X 方向成分 F_{Lx}，Y 方向成分 F_{Ly} について，それぞれ次のように与えて壁からの力を計算する．

$$F_L = -100000(Y_p + 2.0X_p - 1.1)\sin\theta_w \tag{5.29}$$
$$F_{Lx} = F_L \cos\theta_w \tag{5.30}$$
$$F_{Ly} = F_L \sin\theta_w \tag{5.31}$$

外力を正しく算出するために，θ_w を桁数の多い数値として精密に算出すれば，$\theta_w = 26.56505118°$ である．なお，通常の制御系設計で得られるコントローラは前述のとおり θ_w（zw）の値を知らないので，θ_w を未知数として扱う必要がある．

106 第5章 ロボットアームの制御

例題5.3用コード 2自由度ロボットアームのハイブリッド制御

```
// ----- ●○ 外力 ○● -----
if (Yp > -2.0*Xp + 1.1){
  FL = -100000.0 * (Yp + 2.0*Xp - 1.1)
     * sin(26.56505118*pi / 180.0);
  FLx = FL * cos(26.56505118*pi / 180.0);
  FLy = FL * sin(26.56505118*pi / 180.0);
}
else{
  FLx = 0.0;
  FLy = 0.0;
  FL  = 0.0;
}
// ----- △▲ 制御器 ▲△-----
if      (i >= 0   && i < 200)
  { Xd = 0.3; Yd = 0.1;}
else if (i >= 200 && i < 400)
  { Xd = 0.5; Yd = 0.1;}
else if (i >= 400 && i < 600)
  { Xd = 0.4; Yd = 0.3;}
else if (i >= 600 && i < 800)
  { Xd = 0.3; Yd = 0.3;}
if (j == N-1) j = 0;
else          j++;
dx = (Xd - Xp) / (double)(N - j);
dy = (Yd - Yp) / (double)(N - j);

if (Yp > -2.0*Xp + 1.1 && Yp < 0.3){
// Hybrid 制御
  zw = -atan(dx / dy);
  dp = sqrt(dx*dx + dy*dy);
  Sp1 = -sin(zw) * dp;
  Sp2 = cos(zw) * dp;
  DJ = L1*L2*sin(z2);
  zd1 += L2*cos(z1 + z2) / DJ * Sp1
      + L2*sin(z1 + z2) / DJ * Sp2;
  zd2 += (-L1*cos(z1) - L2*cos(z1 + z2))
      / DJ * Sp1
      + (-L1*sin(z1) - L2*sin(z1 + z2))
```

```
      / DJ * Sp2;
  tauP1 = 5000.0*(zd1 - z1) + 150.0*(-w1);
  tauP2 = 5000.0*(zd2 - z2) + 150.0*(-w2);

  Fd = 200.0; //壁を200N で押す
  Sf1 = cos(zw) * (Fd - (-FL));
  Sf2 = sin(zw) * (Fd - (-FL));
  tauML1 = (-L1*sin(z1) - L2*sin(z1 + z2))
         * Sf1
         + ( L1*cos(z1) + L2*cos(z1 + z2))
         * Sf2;
  tauML2 = (-L2*sin(z1 + z2)) * Sf1
         + ( L2*cos(z1 + z2)) * Sf2; // P動作
  Ssf1 += cos(zw) * (Fd - (-FL));
  Ssf2 += sin(zw) * (Fd - (-FL));
  tauMS1 = (-L1*sin(z1) - L2*sin(z1 + z2))
         * Ssf1
         + ( L1*cos(z1) + L2*cos(z1 + z2))
         * Ssf2;
  tauMS2 = (-L2*sin(z1 + z2)) * Ssf1
         + ( L2*cos(z1 + z2)) * Ssf2; //I動作
  tauF1 = 50.0*tauML1 + 5.0*tauMS1;
  tauF2 = 50.0*tauML2 + 5.0*tauMS2;

  tau1 = tauP1 + tauF1;
  tau2 = tauP2 + tauF2;
}
else{ //位置制御のみ
  DJ = L1*L2*sin(z2);
  zd1 += L2 / DJ*cos(z1 + z2)*dx
      + L2 / DJ*sin(z1 + z2)*dy;
  zd2 += (-L1*cos(z1) - L2*cos(z1 + z2))
      / DJ*dx
      + (-L1*sin(z1) - L2*sin(z1 + z2))
      / DJ*dy;
  tau1 = 25000.0*(zd1 - z1) + 250.0*(-w1);
  tau2 = 25000.0*(zd2 - z2) + 250.0*(-w2);
}
```

$i = 390$ ($t = 0.39\,\mathrm{s}$) から $i = 600$ ($t = 0.6\,\mathrm{s}$) までの区間における，アーム先端座標と壁を押す力に関するシミュレーション結果を図5.10に示す．図の左にある F の数値から，壁を押す力 F が $200\,\mathrm{N}$ 近くに制御されていることがわかる．

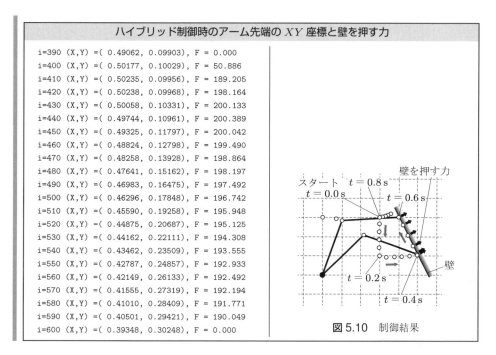

図5.10 制御結果

5.4 機械インピーダンス制御

　機械インピーダンス制御とは，機械的なインピーダンスをロボットの作業に適した値に設定するための制御手法である．以下ではまず，この説明文を読者が理解できるように解説したい．その後，例題を通じて，ロボットアームをインピーダンス制御することの意味を学ぶ．前節で述べた位置と力のハイブリッド制御では明確な目標値があり，その目標値に位置と力を制御した．しかし，機械インピーダンス制御では，明確な目標値がないので，位置制御やハイブリッド制御などのフィードバック制御に比べるとわかりにくい．難易度はやや高いが，学んでほしい制御手法である．

● 5.4.1　インピーダンスとは

　交流の電気回路においてインピーダンスは Z で表記され，交流回路における電圧 V，電流 I を用いて $Z=V/I$ で表現される．また，直流の電気回路では，インピーダンス $(Z)=$ 抵抗 (R) であるため，オームの法則から，$R=V/I$ で表現される．つまり，インピーダンスとは，電圧と電流の比である．少し変形して，$I=V/Z$ とすれば，「加わった電圧によって流れる電流の量を制御できる変数」であるといういい方もできる．

108 第5章 ロボットアームの制御

一方，機械系では，機械インピーダンスを力/速度で定義する．ただし，機械インピーダンスにはあいまいなところがあり，「速度」と特定せず，「移動量を含む運動そのもの」と表現したほうが妥当である．これと電気回路からの類推より，**機械インピーダンス**（mechanical impedance）とは，「加わった力による運動を制御できる変数」であるので，次のロボットの運動方程式（マス・ばね・ダンパー系）の質量（慣性）M，減衰係数（粘性）D，ばね定数（剛性）K の3係数すべてが機械インピーダンスにかかわる．

$$M\ddot{x} + D\dot{x} + Kx = F \tag{5.32}$$

ここで，x は位置や姿勢，各関節の角度であり，自由度と同じ数の変数で構成される．たとえば，p.45 の図 3.15 のアーム付き移動ロボットの場合，$x = (x_L, y_H, z_V, \theta_R, \theta_P, \theta_Y, \theta_2, \theta_3)$ である．

式 (5.32) では，ロボットの機能として M，D，K の値が望ましくない場合もよくある．しかし，たとえば M を小さく，D を大きくするために，ロボットを設計製作からやりなおす必要はない．機械インピーダンス制御には，運動方程式の M，D，K の値を見かけ上，変更する力があるのである．

●5.4.2　機械インピーダンス制御を用いたときの利点

たとえば，**ワーク**を把持して運ぶロボットの場合を考える．ワークが工業製品のように硬い場合は，ロボットがワークを把持するときに握りつぶすことはないが，たとえば食品のようにワークが柔らかい場合，握りつぶして食品を台無しにする恐れがある．機械インピーダンス制御を適用していれば，力を適切な値に制御して，食品を柔らかくつかむことができるため，食品を台無しにすることはない．また，人のすぐ近くでロボットが活動している場合は接触事故の恐れがあるが，機械インピーダンス制御を適用していれば，ロボットアームが人に衝突しても痛くならない程度まで衝撃を緩和でき，もし人がロボットに強く衝突した場合も，ロボットが柔らかく人を受け止め衝撃を和らげることができる．つまり，機械インピーダンス制御は，具体的な目標値はもたないが，ロボット自身やワークを保護し，近くの人に安心感を与えることができる大切な制御手法である．要介護者をベッドから持ち上げる場合に，家族やヘルパーの力を補う**パワードスーツ**（powered exoskeleton）の制御に，機械インピーダンス制御が用いられることもある．

なお，機械インピーダンス制御の派生形として，K 重視の**コンプライアンス制御**やスティフネス制御，D 重視のダンピング制御などがある．

5.4 機械インピーダンス制御　**109**

●5.4.3　機械インピーダンス制御の制御則

希望するロボットアームの機械インピーダンス特性は，次式で表される．

$$M_d\ddot{r} + D_d(\dot{r} - \dot{r}_d) + K_d(r - r_d) = K_{Fd}F_L \tag{5.33}$$

なお，式中，r はアーム先端の位置姿勢ベクトルで，$r = (x, y, z, \theta_x, \theta_y, \theta_z)$ であり，r_d はアーム先端の目標位置姿勢ベクトルで，$r_d = (x_d, y_d, z_d, \theta_{xd}, \theta_{yd}, \theta_{zd})$ である．また，F_L はワールド座標系を基準としたアーム先端に掛かる外力（^0F_L と同等），M_d は仮想慣性，D_d は仮想粘性，K_d は仮想剛性，K_{Fd} は外力の増減率を表す行列である．自由度 6 の 3 次元空間では，M_d, D_d, K_d, K_{Fd} は 6×6 行列になる．また，2 自由度のロボットアームであれば $r = (x, y)$ とし，M_d, D_d, K_d, K_{Fd} を 2×2 行列として扱うことになる．

この式 (5.33) を，次に再記する式 (4.79) と組み合わせる．

$$M(\theta)\ddot{\theta} + h(\theta, \dot{\theta}) + g(\theta) = \tau + \tau_L \tag{4.79 再}$$

式 (4.18)（p.70）より，$\tau_L = J^T F_L$ である．また，$\dot{r} = J\dot{\theta}$ を時間微分して $\ddot{r} = \dot{J}\dot{\theta} + J\ddot{\theta}$ が得られるので，$\ddot{\theta} = J^{-1}(\ddot{r} - \dot{J}\dot{\theta})$ である．これらを踏まえて式 (4.79) を変形し，τ を操作量として求め，整理していくと，次式が得られる．

$$
\begin{aligned}
\tau &= M\ddot{\theta} + h + g - \tau_L \\
&= MJ^{-1}(\ddot{r} - \dot{J}\dot{\theta}) + h + g - J^T F_L \\
&= MJ^{-1}\ddot{r} - MJ^{-1}\dot{J}\dot{\theta} + h + g - J^T F_L \\
&= MJ^{-1}M_d^{-1}\{K_{Fd}F_L - D_d(\dot{r} - \dot{r}_d) - K_d(r - r_d)\} \\
&\quad - MJ^{-1}\dot{J}\dot{\theta} + h + g - J^T F_L \\
&= (MJ^{-1}M_d^{-1}K_{Fd} - J^T)F_L - MJ^{-1}\dot{J}\dot{\theta} + h + g \\
&\quad + MJ^{-1}M_d^{-1}\{-D_d(\dot{r} - \dot{r}_d) - K_d(r - r_d)\}
\end{aligned}
\tag{5.34}
$$

この式 (5.34) において，F_L および θ, $\dot{\theta}$ は各種センサにより計測可能であり，r および $\dot{r}$ は，θ, $\dot{\theta}$ にもとづいて順運動学により知ることができる．ただし，M および h, g については推定して補償することになるので，$\hat{M}$, $\hat{h}$, $\hat{g}$ のように変数の上にハットを付けて，次式で表現しなおす．

$$
\begin{aligned}
\tau &= (\hat{M}J^{-1}M_d^{-1}K_{Fd} - J^T)F_L - \hat{M}J^{-1}\dot{J}\dot{\theta} + \hat{h} + \hat{g} \\
&\quad + \hat{M}J^{-1}M_d^{-1}\{-D_d(\dot{r} - \dot{r}_d) - K_d(r - r_d)\}
\end{aligned}
\tag{5.35}
$$

110 第5章 ロボットアームの制御

式 (5.34) や式 (5.35) を見ても実感しにくく，一見難しく感じると思うので，次の例題 5.4 へ進んでほしい．

例題5.4 機械インピーダンス制御の操作量 $\boldsymbol{\tau}$ を求める問題

例題 4.6（p.76）の簡易版 2 自由度ロボットアームにおいて，式 (5.33) の各変数を次式のように定めたインピーダンス特性を実現したい場合，式 (5.35) の操作量がどのように表現されるかを示せ．ただし，$\boldsymbol{F}_L = [F_{L1}, F_{L2}]^T$ は外力である．

$$\begin{bmatrix} m_L & 0 \\ 0 & m_L \end{bmatrix} \begin{bmatrix} \ddot{x} \\ \ddot{y} \end{bmatrix} + \begin{bmatrix} D_{d1} & 0 \\ 0 & D_{d2} \end{bmatrix} \begin{bmatrix} \dot{x} - \dot{x}_d \\ \dot{y} - \dot{y}_d \end{bmatrix} + \begin{bmatrix} K_{d1} & 0 \\ 0 & K_{d2} \end{bmatrix} \begin{bmatrix} x - x_d \\ y - y_d \end{bmatrix}$$

$$= \begin{bmatrix} K_{Fd1} & 0 \\ 0 & K_{Fd2} \end{bmatrix} \boldsymbol{F}_L \tag{5.36}$$

解答 例題 5.2，5.3 とは異なり，この問題では，唯一の解答が導かれる．

まず，式 (5.33) と式 (5.36) を見比べると，

$$\boldsymbol{r} = \begin{bmatrix} x \\ y \end{bmatrix}, \quad \boldsymbol{r}_d = \begin{bmatrix} x_d \\ y_d \end{bmatrix}, \quad \boldsymbol{M}_d = \begin{bmatrix} m_L & 0 \\ 0 & m_L \end{bmatrix}$$

$$\boldsymbol{D}_d = \begin{bmatrix} D_{d1} & 0 \\ 0 & D_{d2} \end{bmatrix}, \quad \boldsymbol{K}_d = \begin{bmatrix} K_{d1} & 0 \\ 0 & K_{d2} \end{bmatrix}, \quad \boldsymbol{K}_{Fd} = \begin{bmatrix} K_{Fd1} & 0 \\ 0 & K_{Fd2} \end{bmatrix}$$

である．さらに，例題 4.6 の解である式 (4.47) の運動方程式も再記しておこう．

$$\boldsymbol{M}(\boldsymbol{\theta})\ddot{\boldsymbol{\theta}} + \boldsymbol{h}(\boldsymbol{\theta}, \dot{\boldsymbol{\theta}}) = \boldsymbol{\tau} \tag{4.47 再}$$

$$\boldsymbol{M}(\boldsymbol{\theta}) = \begin{bmatrix} m_L L_1^2 + m_L L_2^2 + 2 m_L L_1 L_2 \cos\theta_2 & m_L L_2^2 + m_L L_1 L_2 \cos\theta_2 \\ m_L L_2^2 + m_L L_1 L_2 \cos\theta_2 & m_L L_2^2 \end{bmatrix}$$

$$\boldsymbol{h}(\boldsymbol{\theta}, \dot{\boldsymbol{\theta}}) = \begin{bmatrix} -m_L L_1 L_2 (2\dot{\theta}_1 + \dot{\theta}_2)\dot{\theta}_2 \sin\theta_2 \\ m_L L_1 L_2 \dot{\theta}_1^2 \sin\theta_2 \end{bmatrix}$$

また，式 (5.13) と式 (5.14) のように，ヤコビ行列とその逆行列が求められる．

$$\boldsymbol{J} = \begin{bmatrix} -L_1 S_1 - L_2 S_{12} & -L_2 S_{12} \\ L_1 C_1 + L_2 C_{12} & L_2 C_{12} \end{bmatrix} \tag{5.13 再}$$

$$\boldsymbol{J}^{-1} = \begin{bmatrix} C_{12}/L_1 S_2 & S_{12}/L_1 S_2 \\ -(L_1 C_1 + L_2 C_{12})/L_1 L_2 S_2 & -(L_1 S_1 + L_2 S_{12})/L_1 L_2 S_2 \end{bmatrix} \tag{5.14 再}$$

なお，$S_1 = \sin\theta_1$，$S_2 = \sin\theta_2$，$C_1 = \cos\theta_1$，$S_{12} = \sin(\theta_1 + \theta_2)$，$C_{12} = \cos(\theta_1 + \theta_2)$ である．

5.4 機械インピーダンス制御 **111**

式 (4.47 再) の下の $\boldsymbol{M}$ と式 (5.14 再) の $\boldsymbol{J}^{-1}$ を掛けると，結果として，次のようになる．

$$\boldsymbol{M}\boldsymbol{J}^{-1} = \begin{bmatrix} m_L & 0 \\ 0 & m_L \end{bmatrix} \begin{bmatrix} -L_1 S_1 - L_2 S_{12} & L_1 C_1 + L_2 C_{12} \\ -L_2 S_{12} & L_2 C_{12} \end{bmatrix} = \boldsymbol{M}_d \boldsymbol{J}^T \tag{5.37}$$

つまり，式 (5.34) の右辺先頭にある $\boldsymbol{M}\boldsymbol{J}^{-1}\boldsymbol{M}_d^{-1}$ は，次のようにヤコビ行列の転置 $\boldsymbol{J}^T$ で表現される．この例題のように，$\boldsymbol{M}_d$ が単位行列の m_L 倍行列であれば，扱いやすい．

$$\boldsymbol{M}\boldsymbol{J}^{-1}\boldsymbol{M}_d^{-1} = \boldsymbol{M}_d \boldsymbol{J}^T \boldsymbol{M}_d^{-1} = \boldsymbol{M}_d \boldsymbol{J}^T \begin{bmatrix} 1/m_L & 0 \\ 0 & 1/m_L \end{bmatrix} = \boldsymbol{J}^T \tag{5.38}$$

次に，$\boldsymbol{M}\boldsymbol{J}^{-1}\dot{\boldsymbol{J}}\dot{\boldsymbol{\theta}}$ について整理する．$\dot{\boldsymbol{J}}$ は，前ページの式 (5.13 再) より，次式で得られる．

$$\dot{\boldsymbol{J}} = \begin{bmatrix} -L_1 C_1 \dot{\theta}_1 - L_2 C_{12}(\dot{\theta}_1 + \dot{\theta}_2) & -L_2 C_{12}(\dot{\theta}_1 + \dot{\theta}_2) \\ -L_1 S_1 \dot{\theta}_1 - L_2 S_{12}(\dot{\theta}_1 + \dot{\theta}_2) & -L_2 S_{12}(\dot{\theta}_1 + \dot{\theta}_2) \end{bmatrix} \tag{5.39}$$

式 (5.37) と式 (5.39) を掛け算すると，

$$\boldsymbol{M}\boldsymbol{J}^{-1}\dot{\boldsymbol{J}} = \begin{bmatrix} -m_L L_1 L_2 S_2 \dot{\theta}_2 & -m_L L_1 L_2 S_2(\dot{\theta}_1 + \dot{\theta}_2) \\ m_L L_1 L_2 S_2 \dot{\theta}_1 & 0 \end{bmatrix} \tag{5.40}$$

となり，得られたこの式 (5.40) と $\dot{\boldsymbol{\theta}}$ を掛けると，次式が得られる．

$$\boldsymbol{M}\boldsymbol{J}^{-1}\dot{\boldsymbol{J}}\dot{\boldsymbol{\theta}} = \begin{bmatrix} -m_L L_1 L_2 S_2(2\dot{\theta}_1 \dot{\theta}_2 + \dot{\theta}_2^2) \\ m_L L_1 L_2 S_2 \dot{\theta}_1^2 \end{bmatrix} \tag{5.41}$$

この式 (5.41) は $\boldsymbol{h}(\boldsymbol{\theta}, \dot{\boldsymbol{\theta}})$ の式と一致するため，次式が成り立つ．

$$-\boldsymbol{M}\boldsymbol{J}^{-1}\dot{\boldsymbol{J}}\dot{\boldsymbol{\theta}} + \boldsymbol{h} = \boldsymbol{0} \tag{5.42}$$

例題 4.6 の運動方程式 (4.47) では，重力が掛からないので，重力補償の必要がない．結果，式 (5.38)，(5.42) を式 (5.34) に代入すれば，操作量のトルクは次のように得ることができる．

$$\boldsymbol{\tau} = \boldsymbol{J}^T \{ (\boldsymbol{K}_{Fd} - \mathbf{I})\boldsymbol{F}_L - \boldsymbol{D}_d(\dot{\boldsymbol{r}} - \dot{\boldsymbol{r}}_d) - \boldsymbol{K}_d(\boldsymbol{r} - \boldsymbol{r}_d) \} \tag{5.43}$$

ヤコビ行列の転置と外力以外を成分表示すれば，次式のようになる．

$$\begin{bmatrix} \tau_1 \\ \tau_2 \end{bmatrix} = \boldsymbol{J}^T \left\{ \begin{bmatrix} K_{Fd1} - 1 & 0 \\ 0 & K_{Fd2} - 1 \end{bmatrix} \boldsymbol{F}_L \right.$$
$$\left. - \begin{bmatrix} D_{d1} & 0 \\ 0 & D_{d2} \end{bmatrix} \begin{bmatrix} \dot{x} - \dot{x}_d \\ \dot{y} - \dot{y}_d \end{bmatrix} - \begin{bmatrix} K_{d1} & 0 \\ 0 & K_{d2} \end{bmatrix} \begin{bmatrix} x - x_d \\ y - y_d \end{bmatrix} \right\} \tag{5.44}$$

この例題の解答は式 (5.43) または式 (5.44) であり，式 (5.34) に比べて非常に簡素な形で得られることがわかる．

K_{Fd} が 0 であれば，外力に打ち勝ち，外力の影響を受けないロボットアームの挙動を実現する．また，K_{Fd} の対角成分が 1 より大きく設定してあれば，その設定値に合わせて力が増大する．そのため，インピーダンス制御が，パワードスーツなどに応用できる．また，K_{Fd} が単位行列であれば，式 (5.44) から F_L が消えるので，力覚センサなしで，D_d や K_d に合わせたロボットアームの挙動を実現できる．

例題5.5　機械インピーダンス制御のシミュレーション体験

p.78 の図 4.15 の 2 自由度系で，ロボットの各パラメータが基盤コード（p.85）と同じ場合において，図 5.11 の設定経路でロボットアームの先端を動作させる．ただし，$x = 0.4$ m のところに，ばね定数 100000 N/m，粘性係数 1000 N·s/m の壁が設定経路上に存在しているため，アーム先端は移動途中でその壁に衝突する．

例題 5.4 で得られた式 (5.43) を利用し，インピーダンス制御のパラメータを $K_{Fd} = I$，$D_{d1} = D_{d2} = 500$ かつ $K_{d1} = K_{d2} = 500$ と設定したときの，このロボットアームの先端の挙動を示せ．

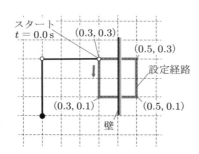

図 5.11　2 自由度ロボットアームの目標軌道

なお，各目標値 $\dot{x}_d$，$\dot{y}_d$ や x_d，y_d について，スタートから 0.2 秒後に $(0.3, 0.1)$ を，0.4 秒後に $(0.5, 0.1)$ を，0.6 秒後に $(0.5, 0.3)$ を通過し，0.8 秒後に初期位置 $(0.3, 0.3)$ に戻ってくることを理想とする．また，例題 5.2 の式 (5.11) と同様の簡易な方法で軌道制御してよい．

解答例　この例題には，唯一の答えは存在しないので，解答例を一つ示す．例題 4.7 では，各リンクの質量や慣性モーメントが無視されておらず，アーム先端と各リンクの重心に重力が掛かる．一方，式 (5.43) では，アーム先端の質量は m_L として配慮されているが，各リンクの質量 m_1，m_2，慣性モーメント I_1，I_2 は 0 として扱われ，重力も無視されている

5.4 機械インピーダンス制御　　**113**

ことを十分意識しておいてほしい.

式 (5.43) から, 各条件を代入することで, 次式が作られる.

$$\begin{bmatrix} \tau_1 \\ \tau_2 \end{bmatrix} = \boldsymbol{J}^T \begin{bmatrix} 500(\dot{x}_d - \dot{x}) + 500(x_d - x) \\ 500(\dot{y}_d - \dot{y}) + 500(y_d - y) \end{bmatrix} \tag{5.45}$$

ここで, x_d, y_d は下の 2 式である.

$$x_d = x + \frac{x_{\mathrm{fin}} - x}{N - j}, \quad y_d = y + \frac{y_{\mathrm{fin}} - y}{N - j}$$

また, 制御周期がシミュレーションの時間刻み h と同じである場合,

$$x_d = \frac{x_{\mathrm{fin}} - x}{(N - j)h}, \quad y_d = \frac{y_{\mathrm{fin}} - y}{(N - j)h}$$

として, 各速度の目標値を定める.

　機械インピーダンス制御を組み込んだプログラム（外力と制御器の部分のみ）を例題 5.5 用コードとして示す. また, その実行結果を図 5.12, その左に XY 座標と F を示す. 時間が 0.3 秒に達してまもなく, ロボットアームの先端が壁に衝突する. このシミュレーションの場合, `i=310` のときには衝突しており, 瞬間的に壁を $F \fallingdotseq 939\,\mathrm{N}$ で押す. この力は極端に強く, 衝撃力である. そして, その後しばらくの間, 壁を約 500 N で押し続ける.

例題 5.5 用コード　2 自由度ロボットアームの機械インピーダンス制御

```
// ----- ●○ 外力 ○● -----
if (Xp > 0.4){
  FLx = -(Xp - 0.4)*100000.0 - Xv*1000.0;
  FLy = 0.0;
}
else{
  FLx = 0.0;
  FLy = 0.0;
}
// ----- △▲ 制御器 ▲△-----
if      (t>0.0 && t<=0.2){ Xd=0.3; Yd=0.1;}
else if (t>0.2 && t<=0.4){ Xd=0.5; Yd=0.1;}
else if (t>0.4 && t<=0.6){ Xd=0.5; Yd=0.3;}
else if (t>0.6 && t<=0.8){ Xd=0.3; Yd=0.3;}
if (j == N - 1) j = 0;
else            j++;
dx = (Xd - Xp) / (double)(N - j);
dy = (Yd - Yp) / (double)(N - j);

Dd1 = 500.0;
Kd1 = 500.0;
Dd2 = 500.0;
Kd2 = 500.0;
if (dx/h < Vmax) E1 = Dd1*(dx/h - Xv)
                      + Kd1*(dx);
else             E1 = Dd1*(Vmax - Xv)
                      + Kd1*(dx);
if (dy/h < Vmax) E2 = Dd2*(dy/h - Yv)
                      + Kd2*(dy);
else             E2 = Dd2*(Vmax - Yv)
                      + Kd2*(dy);

tau1 = (-L1*sin(z1) - L2*sin(z1 + z2)) * E1
       + (L1*cos(z1) + L2*cos(z1 + z2)) * E2;
tau2 = (-L2*sin(z1 + z2)) * E1
       + ( L2*cos(z1 + z2)) * E2;
```

　例題の解答については以上であるが, もう少し実行結果を通じてわかることを記述したい. 0.2 秒で 0.2 m 進むことが望まれているため, 目標速度は 1 m/s である. 実速度が壁に阻まれて 0 m/s になってしまうと, 設定した仮想粘性係数が 500 N·s/m であるので, 500 N の力で壁を押すことになる.

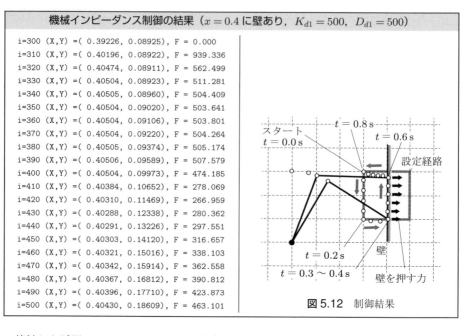

機械インピーダンス制御の結果（$x=0.4$ に壁あり，$K_{d1}=500$, $D_{d1}=500$）

```
i=300 (X,Y) =( 0.39226, 0.08925), F =   0.000
i=310 (X,Y) =( 0.40196, 0.08922), F = 939.336
i=320 (X,Y) =( 0.40474, 0.08911), F = 562.499
i=330 (X,Y) =( 0.40504, 0.08923), F = 511.281
i=340 (X,Y) =( 0.40505, 0.08960), F = 504.409
i=350 (X,Y) =( 0.40504, 0.09020), F = 503.641
i=360 (X,Y) =( 0.40504, 0.09106), F = 503.801
i=370 (X,Y) =( 0.40504, 0.09220), F = 504.264
i=380 (X,Y) =( 0.40505, 0.09374), F = 505.174
i=390 (X,Y) =( 0.40506, 0.09589), F = 507.579
i=400 (X,Y) =( 0.40504, 0.09973), F = 474.185
i=410 (X,Y) =( 0.40384, 0.10652), F = 278.069
i=420 (X,Y) =( 0.40310, 0.11469), F = 266.959
i=430 (X,Y) =( 0.40288, 0.12338), F = 280.362
i=440 (X,Y) =( 0.40291, 0.13226), F = 297.551
i=450 (X,Y) =( 0.40303, 0.14120), F = 316.657
i=460 (X,Y) =( 0.40321, 0.15016), F = 338.103
i=470 (X,Y) =( 0.40342, 0.15914), F = 362.558
i=480 (X,Y) =( 0.40367, 0.16812), F = 390.812
i=490 (X,Y) =( 0.40396, 0.17710), F = 423.873
i=500 (X,Y) =( 0.40430, 0.18609), F = 463.101
```

図 5.12　制御結果

接触した瞬間に $m_L=5$ kg のアーム先端部が，速度 1 m/s で，剛性 100000 N/m，粘性係数 1000 N·s/m の壁に激突するので，それ相応の衝撃力が生じるのはやむを得ないといえるが，その後，各モータの作用により，急速に壁を押す力を減らすことができるのなら，この設定でも十分に価値がある．この衝撃緩和がインピーダンス制御の特徴の一つである．しかし，やはり壁を押している約 500 N の力というのは強いので，壁を押す力を弱めるために，仮想粘性係数 D_{d1} を 500 N·s/m から $D_{d1}=100$ N·s/m にして実行した結果も図 5.13 に示しておく．$D_{d1}=100$, $D_{d2}=500$, $K_{d1}=K_{d2}=500$ と設定した場合，壁を押す力は 100 N 前後まで低下している．ただし，壁に衝突するまでの時間が多く掛かっているので，目標位置への追従能力は低下している．

図 5.12 および図 5.13 を見ると，重力の影響で y の追従性が悪い．たとえば，$t=0.2$ s に通過する点 $(x=0.3, y=0.1)$ から $t=0.35$ s に通過する点 $(x=0.4, y=0.1)$ に至る途中や，$t=0.6$ s に通過する点 $(x=0.4, y=0.3)$ から $t=0.8$ s に通過する点 $(x=0.3, y=0.3)$ に至る途中に，アーム先端の移動軌跡が設定経路に比べてやや下側にそれている．そこで，**重力補償**を追加してみる．例題 5.5 用コードの制御器の操作量（トルク）を計算する箇所において，以下のように重力補償項を追加して実行した結果を図 5.14 に示す．

5.4 機械インピーダンス制御

機械インピーダンス制御の結果（$x = 0.4$ に壁あり，$K_{d1} = 500$, $D_{d1} = 100$）

```
i=300 (X,Y) =( 0.36048, 0.08923), F = 0.000
i=310 (X,Y) =( 0.36939, 0.08923), F = 0.000
i=320 (X,Y) =( 0.37853, 0.08935), F = 0.000
i=330 (X,Y) =( 0.38787, 0.08960), F = 0.000
i=340 (X,Y) =( 0.39736, 0.09000), F = 0.000
i=350 (X,Y) =( 0.40347, 0.09045), F = 504.891
i=360 (X,Y) =( 0.40259, 0.09104), F = 117.479
i=370 (X,Y) =( 0.40138, 0.09208), F = 61.281
i=380 (X,Y) =( 0.40100, 0.09363), F = 86.269
i=390 (X,Y) =( 0.40100, 0.09583), F = 105.688
i=400 (X,Y) =( 0.40111, 0.09973), F = 119.643
i=410 (X,Y) =( 0.40085, 0.10657), F = 54.909
i=420 (X,Y) =( 0.40062, 0.11475), F = 48.698
i=430 (X,Y) =( 0.40057, 0.12343), F = 56.416
i=440 (X,Y) =( 0.40059, 0.13229), F = 62.959
i=450 (X,Y) =( 0.40064, 0.14122), F = 67.667
i=460 (X,Y) =( 0.40068, 0.15018), F = 72.201
i=470 (X,Y) =( 0.40073, 0.15915), F = 77.421
i=480 (X,Y) =( 0.40078, 0.16812), F = 83.610
i=490 (X,Y) =( 0.40085, 0.17710), F = 90.957
i=500 (X,Y) =( 0.40092, 0.18607), F = 99.754
```

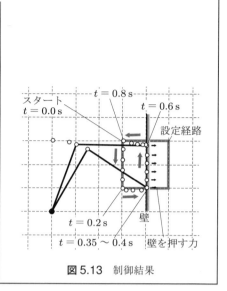

図5.13 制御結果

重力補償なし

```
tau1 = (-L1*sin(z1) - L2*sin(z1 + z2)) * E1 + (L1*cos(z1) + L2*cos(z1 + z2)) * E2;
tau2 = (-L2*sin(z1 + z2)) * E1 + (L2*cos(z1 + z2)) * E2;
```

⇓

重力補償あり

```
tau1 = (-L1*sin(z1) - L2*sin(z1 + z2)) * E1 + (L1*cos(z1) + L2*cos(z1 + z2)) * E2
     + B1*cos(z1) + B2*cos(z1 + z2);
tau2 = (-L2*sin(z1 + z2)) * E1 + (L2*cos(z1 + z2)) * E2
     + B2*cos(z1 + z2);
```

図 5.14 を見る限り，設定経路に沿ってアーム先端は移動しており，重力補償があったほうが追従性が改善されることがわかる．

なお，ここではリンクの質量や慣性モーメントについて配慮せずにインピーダンス制御の制御系設計をしたことにはなるが，特にそのことで大きな支障はないため，難解な式 (5.35) に忠実に制御系設計する必要はない．

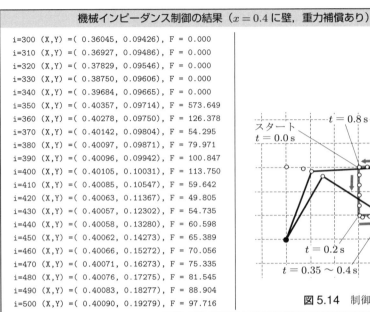

```
機械インピーダンス制御の結果（$x=0.4$ に壁，重力補償あり）
i=300 (X,Y) =( 0.36045, 0.09426), F = 0.000
i=310 (X,Y) =( 0.36927, 0.09486), F = 0.000
i=320 (X,Y) =( 0.37829, 0.09546), F = 0.000
i=330 (X,Y) =( 0.38750, 0.09606), F = 0.000
i=340 (X,Y) =( 0.39684, 0.09665), F = 0.000
i=350 (X,Y) =( 0.40357, 0.09714), F = 573.649
i=360 (X,Y) =( 0.40278, 0.09750), F = 126.378
i=370 (X,Y) =( 0.40142, 0.09804), F = 54.295
i=380 (X,Y) =( 0.40097, 0.09871), F = 79.971
i=390 (X,Y) =( 0.40096, 0.09942), F = 100.847
i=400 (X,Y) =( 0.40105, 0.10031), F = 113.750
i=410 (X,Y) =( 0.40085, 0.10547), F = 59.642
i=420 (X,Y) =( 0.40063, 0.11367), F = 49.805
i=430 (X,Y) =( 0.40057, 0.12302), F = 54.735
i=440 (X,Y) =( 0.40058, 0.13280), F = 60.598
i=450 (X,Y) =( 0.40062, 0.14273), F = 65.389
i=460 (X,Y) =( 0.40066, 0.15272), F = 70.056
i=470 (X,Y) =( 0.40071, 0.16273), F = 75.335
i=480 (X,Y) =( 0.40076, 0.17275), F = 81.545
i=490 (X,Y) =( 0.40083, 0.18277), F = 88.904
i=500 (X,Y) =( 0.40090, 0.19279), F = 97.716
```

図 5.14　制御結果

☑ [この章のポイント]

- ハイブリッド制御…目標値どおりの位置制御・力制御が可能．
- 機械インピーダンス制御…目標値はもたないが，力を適切な値に制御できる．
  → 人との共同作業や，安全性を最優先にすべき用途に適する．

○章末問題○

5.1　偏差を E_{rr}，操作量を τ として，PID 制御則の式を記述せよ．

5.2　伝達関数に積分要素が含まれる場合は，PI 制御と PD 制御，どちらが望ましいか答えよ．また，積分要素が含まれない場合はどちらが望ましいか．

5.3 ★　トルク入力，角度出力のモータ系の伝達関数には積分要素が含まれるか，それとも含まれないかを答えよ．

5.4 ★　2 自由度ロボットアームの位置制御用制御則を式で示せ．ただし，単純なフィードバック制御の場合で解答せよ．

5.5　位置と力のハイブリッド制御では，位置制御系と力制御系で干渉が生じない．理由を簡潔に説明せよ．

5.6 ★★　ハイブリッド制御の制御則を記述せよ．

5.7 ★　機械インピーダンス制御のインピーダンスの意味を説明せよ．

章末問題　**117**

5.8 ★　　ハイブリッド制御と機械インピーダンス制御の使用目的について個々に示し，その用途の違いを明記せよ．

5.9 ★★　　機械インピーダンス制御の制御則の式を記述せよ．

5.10 ★★　　PID 制御のゲイン k_p, k_i, k_d の目安値を求める方法はいくつか提案されている．調べて，いくつか例示せよ．

5.11 ★★　　本書で示すハイブリッド制御は，元祖ハイブリッド制御をわかりやすくするためアレンジしている．ハイブリッド制御の元祖を作り上げた研究者名，発表年，論文名を調べよ．

5.12 ★★　　機械インピーダンス制御が適用されていても，ロボットアームの一部が人にぶつかれば相当痛いはずである．ぶつけられても痛くないようにする工夫を述べよ．

付録A ロボット工学で用いる数学とシミュレーション技巧

　この付録では，ロボット工学の基礎になる数学と，ロボットアームの動作をシミュレーションするための技巧について記す．A.1 節では行列や一次変換について，A.2 節では制御工学で用いられるラプラス変換について，A.3 節では特に微分方程式を数値的に解くための数値計算方法について学ぶ．また，A.4 節では，C 言語で作ったプログラムの計算結果にもとづいてアニメーションを作るためのツールである OpenGL について説明する．

A.1　ロボット工学で用いる基礎数学

　本書を手にとった読者が線形代数を未習である場合も考え，行列や一次変換など，ロボット工学に必要な数学について必要最小限の内容をここに記す．

●A.1.1　行　列
　行列（matrix）では，各要素（element）を括弧の中に横と縦の並びで表現する．たとえば，行列 A は

$$A = \begin{bmatrix} a_{11} & a_{12} & a_{13} \\ a_{21} & a_{22} & a_{23} \end{bmatrix}$$

で表現し，各要素の下付きの数値は行，列の順に記す．たとえば，a_{13} は 1 行目 3 列目の要素である．また，この行列は，2 行 3 列であるので，2×3 行列という．なお，行列やベクトルは太字で記す．

(1)　行列の加算
　行列の加算は，式 (A.1) のように，各要素で足し算する．

$$\begin{bmatrix} a_{11} & a_{12} \\ a_{21} & a_{22} \end{bmatrix} + \begin{bmatrix} b_{11} & b_{12} \\ b_{21} & b_{22} \end{bmatrix} = \begin{bmatrix} a_{11} + b_{11} & a_{12} + b_{12} \\ a_{21} + b_{21} & a_{22} + b_{22} \end{bmatrix} \tag{A.1}$$

(2)　行列のスカラー倍
　行列のスカラー倍は，式 (A.2) のように，各要素すべてでスカラー倍される．

$$k \begin{bmatrix} a_{11} & a_{12} \\ a_{21} & a_{22} \end{bmatrix} = \begin{bmatrix} ka_{11} & ka_{12} \\ ka_{21} & ka_{22} \end{bmatrix} \tag{A.2}$$

(3) 行列の乗算

また，行列どうしの乗算は，式 (A.3) のように行う．

$$\begin{bmatrix} a_{11} & a_{12} \\ a_{21} & a_{22} \end{bmatrix} \begin{bmatrix} b_{11} & b_{12} \\ b_{21} & b_{22} \end{bmatrix} = \begin{bmatrix} a_{11}b_{11} + a_{12}b_{21} & a_{11}b_{12} + a_{12}b_{22} \\ a_{21}b_{11} + a_{22}b_{21} & a_{21}b_{12} + a_{22}b_{22} \end{bmatrix} \tag{A.3}$$

以上 (1)〜(3) は，一般の $m \times n$ 行列の場合でも同様である．ただし，(3) は前の行列の列の数と後の行列の行の数が等しいときのみ計算できる．

(4) 行列の転置

$m \times n$ 行列 $\boldsymbol{A}$ の転置行列 $\boldsymbol{A}^T$ は，各要素 a_{ij} と a_{ji} を入れ替えて，$n \times m$ 行列になる．

$$\boldsymbol{A}^T = \begin{bmatrix} a_{11} & a_{12} & \ldots & a_{1n} \\ a_{21} & a_{22} & \ldots & a_{2n} \\ \vdots & \vdots & & \vdots \\ a_{m1} & a_{m2} & \ldots & a_{mn} \end{bmatrix}^T = \begin{bmatrix} a_{11} & a_{21} & \ldots & a_{m1} \\ a_{12} & a_{22} & \ldots & a_{m2} \\ \vdots & \vdots & & \vdots \\ a_{1n} & a_{2n} & \ldots & a_{mn} \end{bmatrix} \tag{A.4}$$

(5) 逆行列

$m \times n$ 行列 $\boldsymbol{A}$ および $\boldsymbol{B}$ において，$m = n$ のとき，正方行列といい，さらに，$\boldsymbol{AB} = \boldsymbol{BA} = \mathbf{I}$ を満たすとき，正方行列 $\boldsymbol{B}$ を $\boldsymbol{A}$ の逆行列という．なお，このとき，$\boldsymbol{B} = \boldsymbol{A}^{-1}$ と表現する．$\mathbf{I}$ は単位行列であり，a_{ij} で $i = j$ のときのみ 1 が入り，ほかは 0 が入る．

$$\mathbf{I} = \begin{bmatrix} 1 & 0 & \ldots & 0 \\ 0 & \ddots & \ddots & \vdots \\ \vdots & \ddots & \ddots & 0 \\ 0 & \ldots & 0 & 1 \end{bmatrix}$$

$m \times n$ 行列の m や n が大きい場合は，コンピュータを使って数値的に逆行列を求めざるをえないが，2×2 や 3×3 程度の行列であれば，余因子行列を用いて手計算で式を導くことができる．

まずは 2×2 行列の逆行列を求めてみよう．

$$\boldsymbol{A} = \begin{bmatrix} a_{11} & a_{12} \\ a_{21} & a_{22} \end{bmatrix}$$

この行列 $\boldsymbol{A}$ の**行列式**（determinant）を求める式は，

$$|\boldsymbol{A}| = a_{11}a_{22} - a_{12}a_{21} \tag{A.5}$$

で表される．行列式を計算するとき，行列の各要素を右下または左下に乗算していく．そして，右下に向かう分はプラスに，左下に向かう分はマイナスにして計算する．$\boldsymbol{A}$ の行列式は，$\det(\boldsymbol{A})$ または $|\boldsymbol{A}|$ で表現する．

2×2 行列の逆行列は，次式で求められる．

$$\boldsymbol{B} = \boldsymbol{A}^{-1} = \frac{1}{|\boldsymbol{A}|} \begin{bmatrix} a_{22} & -a_{12} \\ -a_{21} & a_{11} \end{bmatrix} \tag{A.6}$$

最後に，式 (A.5) を式 (A.6) に代入して，次式を得る．

$$\boldsymbol{B} = \boldsymbol{A}^{-1} = \begin{bmatrix} a_{22}/(a_{11}a_{22} - a_{12}a_{21}) & -a_{12}/(a_{11}a_{22} - a_{12}a_{21}) \\ -a_{21}/(a_{11}a_{22} - a_{12}a_{21}) & a_{11}/(a_{11}a_{22} - a_{12}a_{21}) \end{bmatrix} \tag{A.7}$$

☑ 式 (A.6) については覚えたほうがよい．しかし，次式の余因子行列は覚えにくい．

$$\text{余因子行列} = \begin{bmatrix} a_{22} & -a_{12} \\ -a_{21} & a_{11} \end{bmatrix} \tag{A.8}$$

余因子行列の各要素について，図 A.1 に従い，もとの行列 $\boldsymbol{A}$ に対してマルを描きながら「マイナス付けて，ひっくり返す」と唱えると記憶しやすい．

図 A.1 2×2 行列の余因子行列の求め方

今度は，3×3 行列の逆行列を手計算で求めよう．まず，次の①から③の順序で，余因子行列が求められる．その後，得られた余因子行列を行列式で割って逆行列を求めることができる．

① その要素自体を含む行と列を除外した行列の行列式を，各要素にはめ込んでいく．
② 行番号と列番号の和が奇数の要素には -1 を掛ける．
③ 転置する．

②で正負を逆転させる要素　　　③で転置させる要素

A.1 ロボット工学で用いる基礎数学 **121**

まず①について実施する.

$$
\begin{bmatrix}
\begin{vmatrix} a_{22} & a_{23} \\ a_{32} & a_{33} \end{vmatrix} & \begin{vmatrix} a_{21} & a_{23} \\ a_{31} & a_{33} \end{vmatrix} & \begin{vmatrix} a_{21} & a_{22} \\ a_{31} & a_{32} \end{vmatrix} \\[12pt]
\begin{vmatrix} a_{12} & a_{13} \\ a_{32} & a_{33} \end{vmatrix} & \begin{vmatrix} a_{11} & a_{13} \\ a_{31} & a_{33} \end{vmatrix} & \begin{vmatrix} a_{11} & a_{12} \\ a_{31} & a_{32} \end{vmatrix} \\[12pt]
\begin{vmatrix} a_{12} & a_{13} \\ a_{22} & a_{23} \end{vmatrix} & \begin{vmatrix} a_{11} & a_{13} \\ a_{21} & a_{23} \end{vmatrix} & \begin{vmatrix} a_{11} & a_{12} \\ a_{21} & a_{22} \end{vmatrix}
\end{bmatrix}
$$

次に②について実施する.

$$
\begin{bmatrix}
\begin{vmatrix} a_{22} & a_{23} \\ a_{32} & a_{33} \end{vmatrix} & -\begin{vmatrix} a_{21} & a_{23} \\ a_{31} & a_{33} \end{vmatrix} & \begin{vmatrix} a_{21} & a_{22} \\ a_{31} & a_{32} \end{vmatrix} \\[12pt]
-\begin{vmatrix} a_{12} & a_{13} \\ a_{32} & a_{33} \end{vmatrix} & \begin{vmatrix} a_{11} & a_{13} \\ a_{31} & a_{33} \end{vmatrix} & -\begin{vmatrix} a_{11} & a_{12} \\ a_{31} & a_{32} \end{vmatrix} \\[12pt]
\begin{vmatrix} a_{12} & a_{13} \\ a_{22} & a_{23} \end{vmatrix} & -\begin{vmatrix} a_{11} & a_{13} \\ a_{21} & a_{23} \end{vmatrix} & \begin{vmatrix} a_{11} & a_{12} \\ a_{21} & a_{22} \end{vmatrix}
\end{bmatrix}
$$

さらに，③について実施した結果を式 (A.9) として書き出す.

$$
\text{余因子行列} =
\begin{bmatrix}
\begin{vmatrix} a_{22} & a_{23} \\ a_{32} & a_{33} \end{vmatrix} & -\begin{vmatrix} a_{12} & a_{13} \\ a_{32} & a_{33} \end{vmatrix} & \begin{vmatrix} a_{12} & a_{13} \\ a_{22} & a_{23} \end{vmatrix} \\[12pt]
-\begin{vmatrix} a_{21} & a_{23} \\ a_{31} & a_{33} \end{vmatrix} & \begin{vmatrix} a_{11} & a_{13} \\ a_{31} & a_{33} \end{vmatrix} & -\begin{vmatrix} a_{11} & a_{13} \\ a_{21} & a_{23} \end{vmatrix} \\[12pt]
\begin{vmatrix} a_{21} & a_{22} \\ a_{31} & a_{32} \end{vmatrix} & -\begin{vmatrix} a_{11} & a_{12} \\ a_{31} & a_{32} \end{vmatrix} & \begin{vmatrix} a_{11} & a_{12} \\ a_{21} & a_{22} \end{vmatrix}
\end{bmatrix}
\tag{A.9}
$$

式 (A.9) の余因子行列を用いて逆行列 $\boldsymbol{A}^{-1}$ を表現すれば，次のようになる.

$$
\boldsymbol{B} = \boldsymbol{A}^{-1} = \frac{1}{|\boldsymbol{A}|}
\begin{bmatrix}
\begin{vmatrix} a_{22} & a_{23} \\ a_{32} & a_{33} \end{vmatrix} & -\begin{vmatrix} a_{12} & a_{13} \\ a_{32} & a_{33} \end{vmatrix} & \begin{vmatrix} a_{12} & a_{13} \\ a_{22} & a_{23} \end{vmatrix} \\[12pt]
-\begin{vmatrix} a_{21} & a_{23} \\ a_{31} & a_{33} \end{vmatrix} & \begin{vmatrix} a_{11} & a_{13} \\ a_{31} & a_{33} \end{vmatrix} & -\begin{vmatrix} a_{11} & a_{13} \\ a_{21} & a_{23} \end{vmatrix} \\[12pt]
\begin{vmatrix} a_{21} & a_{22} \\ a_{31} & a_{32} \end{vmatrix} & -\begin{vmatrix} a_{11} & a_{12} \\ a_{31} & a_{32} \end{vmatrix} & \begin{vmatrix} a_{11} & a_{12} \\ a_{21} & a_{22} \end{vmatrix}
\end{bmatrix}
\tag{A.10}
$$

☑ 3×3 行列 A の行列式 $|A|$ は，次式で得られる．覚え方については，図 A.2 のサラスの規則を参考にしてほしい．

$$|A| = a_{11}a_{22}a_{33} + a_{12}a_{23}a_{31} + a_{13}a_{21}a_{32}$$
$$- a_{13}a_{22}a_{31} - a_{12}a_{21}a_{33} - a_{11}a_{23}a_{32} \tag{A.11}$$

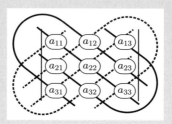

図 A.2 サラスの規則（実線はプラス，破線はマイナス，計 6 通り）

なお，2×2 行列も 3×3 行列も，$|A| = 0$ のときは，A の逆行列は存在しない．

(6) 行列とベクトル

3×3 行列 A とベクトル x の積がベクトル b に等しいとする．つまり，$Ax = b$ であり，要素で表現すると次の式になる．

$$\begin{bmatrix} a_{11} & a_{12} & a_{13} \\ a_{21} & a_{22} & a_{23} \\ a_{31} & a_{32} & a_{33} \end{bmatrix} \begin{bmatrix} x_1 \\ x_2 \\ x_3 \end{bmatrix} = \begin{bmatrix} b_1 \\ b_2 \\ b_3 \end{bmatrix} \tag{A.12}$$

行列にベクトルを掛けて，行列表記から一般表記に変えると，次のようになる．

$$a_{11}x_1 + a_{12}x_2 + a_{13}x_3 = b_1$$
$$a_{21}x_1 + a_{22}x_2 + a_{23}x_3 = b_2 \tag{A.13}$$
$$a_{31}x_1 + a_{32}x_2 + a_{33}x_3 = b_3$$

これらの式は x_1, x_2, x_3 に関する連立方程式である．式 (A.12) について，両辺の左から A^{-1} を掛けると次のようになり，x_1, x_2, x_3 が求められる．

$$\begin{bmatrix} x_1 \\ x_2 \\ x_3 \end{bmatrix} = \begin{bmatrix} a_{11} & a_{12} & a_{13} \\ a_{21} & a_{22} & a_{23} \\ a_{31} & a_{32} & a_{33} \end{bmatrix}^{-1} \begin{bmatrix} b_1 \\ b_2 \\ b_3 \end{bmatrix} \tag{A.14}$$

なお，行列表現の方程式で行列を左側から掛けるときは，すべての項に対して左側から掛けなければならず，また，右側から掛けるときも，すべての項で右側から掛け

A.1 ロボット工学で用いる基礎数学 **123**

る必要がある.

●A.1.2 一次変換

ある座標上の点 $P_1(x_1, y_1, z_1)$ に対応する点 $P_2(x_2, y_2, z_2)$ が一つだけ定まるとき,この対応のことを変換という.特に,次式の形で表現できるものを一次変換とよぶ.

$$\begin{bmatrix} x_2 \\ y_2 \\ z_2 \end{bmatrix} = \begin{bmatrix} a_{11} & a_{12} & a_{13} \\ a_{21} & a_{22} & a_{23} \\ a_{31} & a_{32} & a_{33} \end{bmatrix} \begin{bmatrix} x_1 \\ y_1 \\ z_1 \end{bmatrix} \tag{A.15}$$

右辺の行列 $\boldsymbol{A} = \begin{bmatrix} a_{11} & a_{12} & a_{13} \\ a_{21} & a_{22} & a_{23} \\ a_{31} & a_{32} & a_{33} \end{bmatrix}$ を変換行列という.

式の形から,原点は原点にしか変換できないことがわかる.一次変換には,(1) 恒等変換,(2) 相似変換,(3) 対称変換,(4) 回転変換などがある.

(1) 恒等変換

単位行列 $\mathbf{I}$ はあらゆる点をそれ自身に写像する.これを恒等変換という.

(2) 相似変換

点 $P_1(x_1, y_1, z_1)$ を点 $P_2(\alpha x_1, \alpha y_1, \alpha z_1)$ $(\alpha : 実数)$ に変換する行列 $\boldsymbol{A}$ は,相似比 α の相似変換といい,次式で表される.

$$\boldsymbol{A} = \begin{bmatrix} \alpha & 0 & 0 \\ 0 & \alpha & 0 \\ 0 & 0 & \alpha \end{bmatrix} = \alpha \mathbf{I} \tag{A.16}$$

(3) 対称変換

平面 $(x = 0,\ y = 0,\ z = 0)$ に関して,点を対称移動させる行列 $\boldsymbol{A}$ はそれぞれ,次式で表される.

$$\boldsymbol{A} = \begin{bmatrix} -1 & 0 & 0 \\ 0 & 1 & 0 \\ 0 & 0 & 1 \end{bmatrix} \quad (平面 x = 0 に関して)$$

$$\boldsymbol{A} = \begin{bmatrix} 1 & 0 & 0 \\ 0 & -1 & 0 \\ 0 & 0 & 1 \end{bmatrix} \quad (平面 y = 0 に関して) \tag{A.17}$$

$$\boldsymbol{A} = \begin{bmatrix} 1 & 0 & 0 \\ 0 & 1 & 0 \\ 0 & 0 & -1 \end{bmatrix} \quad (平面 z = 0 に関して)$$

また，平面 $y = mx$ $(m \neq 0)$ に関して，点を対称移動させる行列 $\boldsymbol{A}$ は次式で表される．

$$\boldsymbol{A} = \begin{bmatrix} (1-m^2)/(1+m^2) & 2m/(1+m^2) & 0 \\ 2m/(1+m^2) & -(1-m^2)/(1+m^2) & 0 \\ 0 & 0 & 1 \end{bmatrix} \tag{A.18}$$

(4) 回転変換

ロボット工学では，XYZ の座標系は図 A.3 に従って定義される．そのとき，点 $\mathrm{P}_1(x_1, y_1, z_1)$ を X 軸回りに角度 θ_x 回転移動（rotation）させる変換行列 $\boldsymbol{R}$ は，次式で表される．

$$\boldsymbol{R} = \begin{bmatrix} 1 & 0 & 0 \\ 0 & \cos\theta_x & -\sin\theta_x \\ 0 & \sin\theta_x & \cos\theta_x \end{bmatrix} \tag{A.19}$$

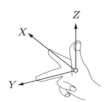

図 A.3 右手で作る XYZ 座標系

たとえば，$\boldsymbol{R}$ によって点 $(0, 0, 1)$ は点 $(0, -\sin\theta_x, \cos\theta_x)$ へ移動する．

次に，点 $\mathrm{P}_1(x_1, y_1, z_1)$ を Y 軸回りに角度 θ_y 回転移動させる変換行列 $\boldsymbol{R}$ は，次式で表される．

$$\boldsymbol{R} = \begin{bmatrix} \cos\theta_y & 0 & \sin\theta_y \\ 0 & 1 & 0 \\ -\sin\theta_y & 0 & \cos\theta_y \end{bmatrix} \tag{A.20}$$

たとえば，$\boldsymbol{R}$ によって点 $(1, 0, 0)$ は点 $(\cos\theta_y, 0, -\sin\theta_y)$ へ移動する．

最後に，点 $\mathrm{P}_1(x_1, y_1, z_1)$ を Z 軸回りに角度 θ_z 回転移動させる変換行列 $\boldsymbol{R}$ は，次式で表される．

$$\boldsymbol{R} = \begin{bmatrix} \cos\theta_z & -\sin\theta_z & 0 \\ \sin\theta_z & \cos\theta_z & 0 \\ 0 & 0 & 1 \end{bmatrix} \tag{A.21}$$

A.2 制御工学で用いる数学（ラプラス変換） **125**

たとえば，$\boldsymbol{R}$ によって点 $(1, 0, 0)$ は点 $(\cos\theta_z, \sin\theta_z, 0)$ へ移動する．

また，回転変換行列については，$\boldsymbol{R}^{-1} = \boldsymbol{R}^T$ が成り立つ．

●A.1.3　ベクトルの外積

二つのベクトルの外積計算の公式を示しておく．以下のように，その要素自身を含まない行をたすき掛けしたものとなる．積の順序が変わると結果が変わるので，要注意である．

$$
\begin{bmatrix} a \\ b \\ c \end{bmatrix} \times \begin{bmatrix} x \\ y \\ z \end{bmatrix} = \begin{bmatrix} bz - cy \\ cx - az \\ ay - bx \end{bmatrix} \tag{A.22}
$$

$$
\begin{bmatrix} x \\ y \\ z \end{bmatrix} \times \begin{bmatrix} a \\ b \\ c \end{bmatrix} = \begin{bmatrix} cy - bz \\ az - cx \\ bx - ay \end{bmatrix} \tag{A.23}
$$

A.2　制御工学で用いる数学（ラプラス変換）

制御工学で使う数学といえばラプラス変換であり，ラプラス演算子 s を含む式を多用する．ここでは簡単に説明する．信号 $y(t)$ をラプラス変換する定義式は，次式で表される．

$$
y(s) = \int_0^\infty e^{-st} y(t) dt \tag{A.24}
$$

$y(t)$ も $y(s)$ も同じ物理量ではあるが，$y(t)$ は時間領域（t 領域），$y(s)$ は複素領域（s 領域）の関数であり，扱い方は当然異なる．本来 $y(s)$ の y は大文字であるが，本書では意図的に小文字で表現している．なお，制御工学でラプラス変換するときに式 (A.24) を用いることはまずない．変換または逆変換するときは，初期値 0（$t = 0$ のとき $y(t) = 0$）を前提にラプラス変換表を用いる．表 A.1 はラプラス変換表の一例である．

例題A.1　ラプラス変換を用いた常微分方程式の理論解

式 (2.3) をラプラス変換および逆ラプラス変換を用いて解いてみよう．

$$
\dot{y}(t) = -ay(t) + u(t) \tag{2.3 再}
$$

$y(t)$ は時間関数であり，$\dot{y}(t)$ は，$y(t)$ を時間で 1 階微分したものである．a は定数であり，$u(t) = u_0$（つまり時間不変）とする．また，$y(t)|_{t=0} = 0$ である．

126 付録 A　ロボット工学で用いる数学とシミュレーション技巧

表 A.1　ラプラス変換表（関数の初期値が 0 である場合）

	$y(t)$	$y(s)$
①	$y(t) = x(t)$	$y(s) = x(s)$
②	$y(t) = \dot{x}(t)$	$y(s) = x(s)s$
③	$y(t) = \ddot{x}(t)$	$y(s) = x(s)s^2$
④	$y(t) = \int x(t)\,dt$	$y(s) = \dfrac{x(s)}{s}$
⑤	$y(t) = 1$	$y(s) = 1/s$
⑥	$y(t) = t$	$y(s) = 1/s^2$
⑦	$y(t) = e^{-at}$	$y(s) = \dfrac{1}{s+a}$
⑧	$y(t) = \sin \omega t$	$y(s) = \dfrac{\omega}{s^2 + \omega^2}$
⑨	$y(t) = \cos \omega t$	$y(s) = \dfrac{s}{s^2 + \omega^2}$

解答　まず，$u(t)$ をラプラス変換してみる．時間不変信号なので，表 A.1⑤を参考にして，$u(s)$ は次式で得られる．

$$u(s) = \frac{u_0}{s} \tag{A.25}$$

その他の項もラプラス変換することで，次式が得られる．なお，a は単なる係数なので，a のままにしておく．

$$y(s)s = -ay(s) + \frac{u_0}{s} \tag{A.26}$$

この式 (A.26) を $y(s)$ について整理すると，次のようになる．

$$y(s) = \frac{u_0}{(s+a)s} = -\frac{u_0}{a(s+a)} + \frac{u_0}{as} \tag{A.27}$$

式 (A.27) をラプラス変換表にもとづいて時間領域に戻すと，次式を得る．

$$y(t) = \left(-\frac{1}{a}e^{-at} + \frac{1}{a} \right)u_0 \tag{A.28}$$

A.3　常微分方程式の数値計算[A.1]

物理現象の多くは，常微分方程式または偏微分方程式で表現できる．これらの微分方程式を解けば，物理現象の時間挙動を明確にできる．たとえば，物理現象が，$\dot{y}(t) = -ay(t) + u(t)$ のようにやさしい常微分方程式で表現される場合は，厳密解を手計算

でも簡単に得ることができる．

しかし，ロボット工学では，基礎的な構成要素でも 2 自由度系であり，角加速度が角度の 2 階微分であることと，空間内を剛体が回転移動することを考慮すると，2 階連立非線形微分方程式という複雑な形になる．たとえば，p.83 の式 (4.79) が，典型的な微分方程式の例である．そのような式の厳密解を導くことは難しいので，コンピュータを用いて数値計算で解くことが一般的である．

数値解法として数多くある中，主要な方法を図 A.4 に例示する．本書では，おもにルンゲ–クッタ法を用いているが，他も含め特徴を以下に示す．

図 A.4 常微分方程式のおもな数値解法

● A.3.1　オイラー法

たとえば，$\dot{y} = f(y)$ の形の 1 階常微分方程式を，オイラー法では

$$y(t+h) = y(t) + hf(y(t)) \tag{A.29}$$

のように時間刻み h を使って変形する．関数 $f(y)$ に h を掛ければ，時間 h 後の時刻における y の値 $y(t+h)$ が導かれる陽解法である．つまり，初期値 $y(0)$ がわかっていれば，未来の時刻の y の値が次々と算出できる．なお，時間刻み h ごとに k と番号を付けて，式 (A.29) を次の漸化式に変形してからプログラミングするのが一般的である．

$$y_{k+1} = y_k + hf(y_k) \tag{A.30}$$

簡易なプログラム例をコード A.1 に示す．

コード A.1　オイラー法

```c
#include <stdio.h>
#include <conio.h>
#include <math.h>
const int n = 20;

double func(double y)
{
    double func = -1.0*y;
```

128 付録 A　ロボット工学で用いる数学とシミュレーション技巧

```
    return func;
}


void main(void)
{
    int k;
    double t[n], y[n], h=0.1;

    t[0] = 0; y[0] = 1.0;
    for (k = 0; k < n-1; k++){
        t[k] = t[0] + (double)k*h;
        y[k + 1] = y[k] + h*func(y[k]);
    }
}
```

☑ このオイラー法は，式の構造が簡素なため，常微分方程式の数値計算の初学者が，数値的に解くことの意味を理解するための方法として大変適している．

●A.3.2　後方オイラー法

$\dot{y} = f(y)$ を，後方オイラー法では

$$y_{k+1} = y_k + hf(y_{k+1}) \tag{A.31}$$

の形で表現する．後方オイラー法は y_{k+1} が右辺にも存在する陰解法であり，陰的オイラー法ともよばれる．つまり，y_{k+1} を導くために，ニュートン法など非線形代数方程式の解を導く数値計算手法を取り入れなければならないので，プログラムが難しくなる．しかし，陰解法には，時間刻み h を比較的大きくしても微分方程式の解を安定して導けるという特徴がある．要するに，同じ時間刻み h を用いて陽解法で計算が発散してしまう場合でも，陰解法では発散しないで済む場合が多い．

オイラー法と後方オイラー法は，ともに計算精度が悪い．$y(t + h)$ をテイラー展開すると，

$$y(t+h) = y(t) + \frac{dy(t)}{dt}h + \frac{1}{2}\frac{d^2y(t)}{dt^2}h^2 + \frac{1}{2\cdot 3}\frac{d^3y(t)}{dt^3}h^3$$
$$+ \frac{1}{2\cdot 3\cdot 4}\frac{d^4y(t)}{dt^4}h^4 + \cdots$$

となる．ここで，次数 P について 1 次の項までしか考慮されていないため，数値計算では，タイムステップごとに h^{P+1} のオーダーの誤差が生じる．つまり，オイラー法では，タイムステップごとに h^2 のオーダーの誤差が数値解に蓄積されていくのである．

●A.3.3 ルンゲ–クッタ法

第4章や第5章のロボットアームのシミュレーションは，ここで説明するルンゲ–クッタ法を用いている．常微分方程式が $\dot{\boldsymbol{y}} = \boldsymbol{f}(\boldsymbol{y})$ の形で表現されているなら，ルンゲ–クッタ法では次のように計算する．

$$\boldsymbol{y}_{k+1} = \boldsymbol{y}_k + \frac{h}{6}(\boldsymbol{L}_1 + 2\boldsymbol{L}_2 + 2\boldsymbol{L}_3 + \boldsymbol{L}_4) \tag{A.32}$$

$$\boldsymbol{L}_1 = \boldsymbol{f}(\boldsymbol{y}_k) \tag{A.33}$$

$$\boldsymbol{L}_2 = \boldsymbol{f}\left(\boldsymbol{y}_k + \frac{h}{2}\boldsymbol{L}_1\right) \tag{A.34}$$

$$\boldsymbol{L}_3 = \boldsymbol{f}\left(\boldsymbol{y}_k + \frac{h}{2}\boldsymbol{L}_2\right) \tag{A.35}$$

$$\boldsymbol{L}_4 = \boldsymbol{f}(\boldsymbol{y}_k + h\boldsymbol{L}_3) \tag{A.36}$$

計算の順序は，式 (A.33) → 式 (A.34) → 式 (A.35) → 式 (A.36) → 式 (A.32) の順に行う．第4章 p.85 のソースコード（基盤コード）において，関数 $\boldsymbol{f}$ は p.84 の式 (4.84)，(4.85) の右辺に相当し，$\boldsymbol{y}_k$ は角度 θ と角速度 ω の物理量を，プログラム内では z, w で表現している．$\boldsymbol{y}_k$ と $\boldsymbol{L}_i$ $(i = 1 \sim 4)$ について下に記す．

$$\boldsymbol{y}_k = \{\theta_1, \theta_2, \omega_1, \omega_2\} = \{\text{z1}, \text{z2}, \text{w1}, \text{w2}\}$$

$$\boldsymbol{L}_1 = \{\text{k11}, \text{k12}, \text{L11}, \text{L12}\}$$

$$\boldsymbol{L}_2 = \{\text{k21}, \text{k22}, \text{L21}, \text{L22}\}$$

$$\boldsymbol{L}_3 = \{\text{k31}, \text{k32}, \text{L31}, \text{L32}\}$$

$$\boldsymbol{L}_4 = \{\text{k41}, \text{k42}, \text{L41}, \text{L42}\}$$

オイラー法の計算精度を大きく向上させた計算手法が，ルンゲ–クッタ法である．一般的なルンゲ–クッタ法では，次数 P が4次の項まで考慮されているので，計算誤差の蓄積は h^5 のオーダーである．

このルンゲ–クッタ法は，高精度でプログラミングも容易なため，よく使われる定番手法である．簡易なプログラム例を，コード A.2 に示す．

コード A.2　ルンゲ–クッタ法

```c
#include <stdio.h>
#include <conio.h>
#include <math.h>
const int n = 20;

double func(double y)
{
```

130　付録A　ロボット工学で用いる数学とシミュレーション技巧

```
  double func = -1.0*y;
  return func;
}


void main(void)
{
  int k;
  double t[n], y[n], h=0.1, L1, L2, L3, L4;

  t[0] = 0; y[0] = 1.0;
  for (k = 0; k < n-1; k++){
    t[k] = t[0] + (double)k*h;
    L1 = h*func(y[k]);
    L2 = h*func(y[k] + L1 / 2.0);
    L3 = h*func(y[k] + L2 / 2.0);
    L4 = h*func(y[k] + L3);
    y[k + 1] = y[k]
      + (L1 + 2.0*L2 + 2.0*L3 + L4)/6.0;
  }
}
```

● A.3.4　陰的ルンゲ–クッタ法

ルンゲ–クッタ法にも陽解法と陰解法がある．陰的ルンゲ–クッタ法では，高次非線形代数方程式を解く数値解法と，連立方程式の解を導く数値解法を組み合わせて微分方程式の解を導くので，プログラミングには大変な労力を要するが，その分高い計算精度と安定性が得られる．

● A.3.5　各手法の比較

表 A.2 と図 A.5 は，$\dot{y} = -y(t)$ の厳密解 $y(t) = e^{-t}$ と各数値解を示している．

表 A.2　$\dot{y} = -y(t)$ の厳密解と数値解の時間履歴（$h = 0.1$）

t	e^{-t}	オイラー法 陽的	オイラー法 陰的	ルンゲ–クッタ法 陽的	ルンゲ–クッタ法 陰的
0.0	1.000000	1.000000	1.000000	1.000000	1.000000
0.1	0.904837	0.900000	0.909091	0.904837	0.904837
0.2	0.818731	0.810000	0.826446	0.818731	0.818731
0.3	0.740818	0.729000	0.751315	0.740818	0.740818
0.4	0.670320	0.656100	0.683013	0.670320	0.670320
0.5	0.606531	0.590490	0.620921	0.606531	0.606531
0.6	0.548812	0.531441	0.564474	0.548812	0.548812
0.7	0.496585	0.478297	0.513158	0.496586	0.496585
0.8	0.449329	0.430467	0.466507	0.449329	0.449329
0.9	0.406570	0.387420	0.424098	0.406570	0.406570
1.0	0.367879	0.348678	0.385543	0.367880	0.367879

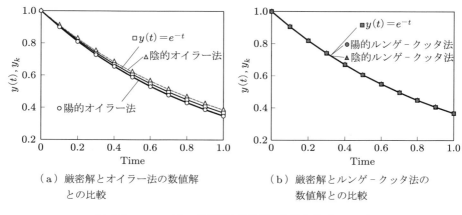

図 A.5 $\dot{y} = -y(t)$ の厳密解と数値解の時間挙動（$h = 0.1$）

図 A.5(a) のオイラー法の結果と同図 (b) のルンゲ–クッタ法の結果を比較すると，ルンゲ–クッタ法の数値解のほうが，厳密解によく一致しているのがわかる．

次に，時間刻み h を 0.1 にしたまま，$\dot{y} = -10y(t)$ の解の時間挙動を見てみよう．この場合，$\dot{y} = -y(t)$ のときと比べて，$y(t)$ の動きが速くなる．結果を表 A.3 と図 A.6 に示すとおり，$\dot{y} = -10y(t)$ の場合も，$\dot{y} = -y(t)$ のときと同様に，ルンゲ–クッタ法のほうがよく一致している．そして，オイラー法の結果が図 A.5 のときと比べて，著しく劣化しているところに注目してほしい．

さらに，時間刻み h を変えずに，挙動が激しい $\dot{y} = -100y(t)$ について取り上げる．表 A.4 と図 A.7 に厳密解と各手法における数値解を示す．陽解法については，解の時間挙動を鋭敏にすると，安定度が著しく悪化して発散する．それに対して，陰解法は安定性が高いため，精度が高い状態を維持できる．特に陰的ルンゲ–クッタ法の安定

表 A.3 $\dot{y} = -10y(t)$ の厳密解と数値解の時間履歴（$h = 0.1$）

		オイラー法		ルンゲ–クッタ法	
t	e^{-10t}	陽的	陰的	陽的	陰的
0.0	1.000000	1.000000	1.000000	1.000000	1.000000
0.1	0.367879	0.000000	0.500000	0.375000	0.367879
0.2	0.135335	0.000000	0.250000	0.140625	0.135335
0.3	0.049787	0.000000	0.125000	0.052734	0.049787
0.4	0.018316	0.000000	0.062500	0.019775	0.018316
0.5	0.006738	0.000000	0.031250	0.007416	0.006738
0.6	0.002479	0.000000	0.015625	0.002781	0.002479
0.7	0.000912	0.000000	0.007813	0.001043	0.000912
0.8	0.000335	0.000000	0.003906	0.000391	0.000335
0.9	0.000123	0.000000	0.001953	0.000147	0.000123
1.0	0.000045	0.000000	0.000977	0.000055	0.000045

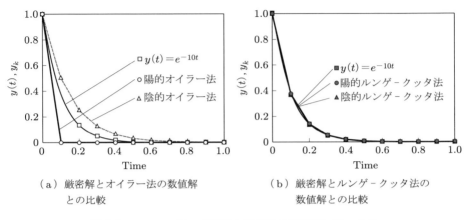

（a）厳密解とオイラー法の数値解との比較

（b）厳密解とルンゲ－クッタ法の数値解との比較

図 A.6 $\dot{y} = -10y(t)$ の厳密解と数値解の時間挙動（$h = 0.1$）

表 A.4 $\dot{y} = -100y(t)$ の厳密解と数値解の時間履歴（$h = 0.1$）

t	e^{-100t}	オイラー法 陽的	オイラー法 陰的	ルンゲ－クッタ法 陽的	ルンゲ－クッタ法 陰的
0.0	1.000000		1.000000		1.000000
0.1	0.000045		0.090909		0.022039
0.2	0.000000		0.008264		0.000486
0.3	0.000000	発散	0.000751	発散	0.000011
0.4	0.000000		0.000068		0.000000
0.5	0.000000		0.000006		0.000000
0.6	0.000000		0.000001		0.000000
0.7	0.000000		0.000000		0.000000

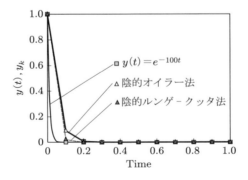

図 A.7 $\dot{y} = -100y(t)$ の厳密解と数値解の時間挙動（$h = 0.1$）

性と精度は，きわめて優れている．

しかし，陰的ルンゲ–クッタ法がベストな選択とはいえず，常微分方程式を解くときに用いられることは少ない．なぜなら，多くの場合，プログラミングが陽解法と比較して著しく難しいものの，時間刻み h を小さくした陽解法と比較して精度と速度面で大きい差がなく，割に合わないからである．

A.4　C言語とOpenGL

本書では，C言語としてMicrosoft社のVisual C++を用いている．学生であれば，学生向けMicrosoft Imagineサービスが拡充されているので，学生認証を済ませばVisual Studio（Community）を無料で利用することができる．Visual Studio上で，コンパイラとしてVisual C++を選べば，C言語でアプリケーション開発が可能になる．

また，SGI社が1999年にリリースしたOpenGLは，3次元グラフィックス用API（application programming interface）であり，2008年にフリーソフトウェアになった．そして，いまではOpenGLの後継として，クロノス・グループがVulkanを発表しており，GPU（グラフィックボードの中枢部）を用いた3Dグラフィックスの描画機能も備わっている．しかし，ロボットアームのアニメーションは負荷が軽く，そのためにGPUを用いる必要はないため，本書では実績が豊富で入門用として適しており，扱い方の説明も豊富なOpenGLバージョン3.7を用いている．

OpenGL入門としては，NPO法人natural scienceの遠藤理平氏が作った下のWebサイトを活用することをおすすめする．

http://www.natural-science.or.jp/article/20091118233724.php

ただし，OpenGLを行うために必要になるファイルglut-3.7.6-bin.zipは現在，そこからダウンロードをするのが不可能であるため，

http://www.morikita.co.jp/books/mid/062521

からダウンロードしてほしい．ダウンロードができたら，そのzipファイルを解凍して，glut.h，glut32.dll，glut32.libを適切な位置にコピーすれば，Visual StudioでOpenGLが使えるようになる．使える状態になったら，先ほどのサイトにもどり，[2日目] 地平線のページ

http://www.natural-science.or.jp/article/20091107233553.php

134 付録 A　ロボット工学で用いる数学とシミュレーション技巧

に行き，そこにある「OpenGL と C++ によるソース」を打ち込んで，C 言語のソースコードファイルを作ってほしい．そのソースコードをビルドおよび実行すれば，パソコン画面上にマス目の地面と地平線が表示されるはずである．その確認ができた後，3 日目から 10 日目まで学べば，OpenGL のひと通りの操作ができるようになるだろう．

○付録 A の練習問題○

A.1　以下の積を計算せよ．

$(1) \begin{bmatrix} 2 & 1 \\ 1 & 2 \end{bmatrix} \begin{bmatrix} 3 & 1 \\ 2 & 5 \end{bmatrix}$　　$(2) \begin{bmatrix} 4 & 5 \\ -1 & 3 \end{bmatrix} \begin{bmatrix} 7 & 2 \\ 6 & 4 \end{bmatrix}$　　$(3) \begin{bmatrix} 1 & 0 \\ 0 & 2 \end{bmatrix} \begin{bmatrix} 7 & 4 \\ 3 & 9 \end{bmatrix}$

$(4) \begin{bmatrix} 3 & 1 & 3 \\ -2 & 4 & 1 \\ 8 & 0 & 1 \end{bmatrix} \begin{bmatrix} 1 & 0 & 4 \\ 0 & 3 & -1 \\ 2 & 2 & -6 \end{bmatrix}$　　$(5) \begin{bmatrix} -2/37 & 1/74 & 11/74 \\ -5/37 & 21/74 & 9/74 \\ 16/37 & -4/37 & -7/37 \end{bmatrix} \begin{bmatrix} 9 & 9 & -7 \\ 0 & 14 & -18 \\ 10 & 2 & 26 \end{bmatrix}$

$(6) \begin{bmatrix} 3 & -4 & 1 \\ 7 & 3 & 8 \\ -6 & 1 & -5 \end{bmatrix} \begin{bmatrix} 3 \\ 4 \\ 2 \end{bmatrix}$　　$(7) \begin{bmatrix} 4 & 3 & 6 \\ -3 & 5 & 1 \\ 3 & 8 & 3 \end{bmatrix} \begin{bmatrix} 4 \\ 0 \\ 6 \end{bmatrix}$

A.2　以下の行列の逆行列を求めよ．

$(1) \begin{bmatrix} 2 & 1 \\ 1 & 2 \end{bmatrix}$　　$(2) \begin{bmatrix} 4 & 5 \\ -1 & 3 \end{bmatrix}$　　$(3) \begin{bmatrix} 3 & 1 & 3 \\ -2 & 4 & 1 \\ 8 & 0 & 1 \end{bmatrix}$

A.3　大きさが一定値 a の信号 $x(s)$ を，ラプラス演算子 s を用いて示せ．

A.4　入力信号を k 倍する時定数 T の一次遅れ要素の伝達関数 $G(s)$ を，ラプラス演算子 s を用いて示せ．

A.5　問題 A.3 の信号が，問題 A.4 の伝達関数を通って出てくる応答信号 $y(s)$ を，ラプラス演算子 s を用いて示せ．

A.6 ★　問題 A.5 の時間関数 $y(t)$ を求めよ．

A.7 ★　力 F と位置 x の微分方程式 $M\ddot{x} + D\dot{x} + kx = F(t)$ をラプラス変換し，入力 $F(s)$，出力 $x(s)$ の伝達関数 $G(s)$ を求めよ．各初期値は 0 とする．

A.8 ★　微分方程式 $\dot{y} = -y(t)$ の解を手計算で導け．ただし，$y(0) = 1$ とする．

A.9 ★　微分方程式 $\dot{y} = -y(t)$ をオイラー法で計算する式を y_{k+1} と y_k で表現せよ．

A.10 ★　オイラー法とルンゲ–クッタ法の違いを簡潔に述べよ．

A.11 ★　陽解法と陰解法の違いを簡潔に述べよ．

135

付録 B 【発展】モータを回すために

B.1 小型モータ用駆動回路の設計例

2.1.1 項の (2) で直流モータの駆動方法について説明したが，表面的に理解できているレベルと，実際に製作できるレベルには結構な隔たりがある．ロボットの開発に興味がある人は，将来の回路設計・製作のため，本付録を読んでみてほしい．なお，ここで紹介する回路は，乾電池 3 本（約 5 V）で駆動できる小指サイズの直流モータ用で，モータが大きい場合は，まったく異なる回路設計をしなければならない．また，後でくわしく説明するが，初学者が一人でこの回路を製作してモータを回すことは，危険なので避けてほしい．

直流モータの正転と逆転を切り替えられるようにするためには，図 2.3 で示した H ブリッジ回路が必要で，また，小型モータ駆動用スイッチング素子として，パワー MOSFET とよばれるトランジスタを用いる．ここでは，小型直流モータ用 H ブリッジ回路の一例（図 B.2）を紹介する．この図の回路によって，正転と逆転の制御，PWM 制御による速度制御を行うことができる．

ここではスイッチング素子として，図 B.1 に示す電子部品 SH8M4 を用いる．端子番号③④⑤⑥側の P チャンネル MOSFET と，端子番号①②⑦⑧側の N チャンネル MOSFET の二つが含まれており，モータ制御用に特に適した製品である．そして，モータを回すときは，**電源→端子③→端子⑥→モータ→端子⑧→端子①→グラウンド**の順に電流を流す．つまり，ハイサイド（上流）に P チャンネル，ローサイド（下流）に N チャンネルを配置する．なお，SH8M4 には端子が①〜⑧の 8 個あり，①⑤⑥はソース，②④はゲート，③⑦⑧はドレインとよばれる．

パワー MOSFET もトランジスタの一種であるが，図 2.2 で示す典型的なトランジスタ（正しくはバイポーラトランジスタという）と比べて，使用される語句が異なり，わかりにくいため，表 B.1 の対応表を参考に比較してみてほしい．

それでは，SH8M4 を二つ用いたモータドライバの回路を図 B.2 に示す．この回路を作成するためには，図 2.2 のトランジスタ C1815 と，ロジック IC の 74HC08（AND 回路）および 74HC04（NOT 回路），各数値の抵抗器（resistor），5 V 電源（単三電

付録B 【発展】モータを回すために

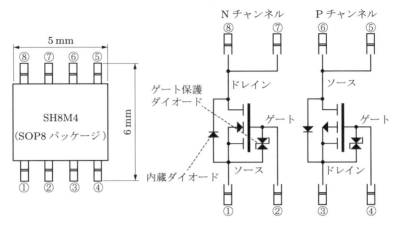

図 B.1 SH8M4

表 B.1 バイポーラトランジスタとパワー MOSFET の比較

バイポーラトランジスタ	パワー MOSFET
小電流で制御	電圧制御
PNP，NPN	P チャンネル，N チャンネル
コレクタ，エミッタ，ベース	ドレイン，ソース，ゲート

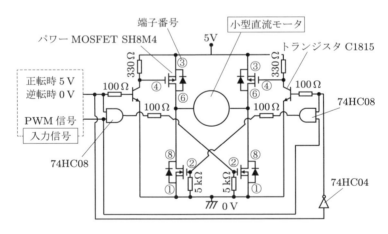

図 B.2 直流モータ用モータドライバ回路の一例

池3本でも可）も必要となる．

図 B.2 の左側に二つの入力端子があり，上側の端子に与える電圧によって，正転か逆転かを指示することができ，下側の PWM 信号用端子に与える信号によって，モータの回転速度を変えることができる．

正転させるために上側の端子に 5 V を与え，PWM 信号端子にも 5 V を与えた場合を考える．まず，正転信号 5 V を受けて，すぐ右にある NPN トランジスタのベースに電流が入り，このトランジスタは導通状態になる．すると，モータの左上のパワー MOSFET のゲートには 0 V が入り，この P チャンネル MOSFET も導通状態になる．図の左側の AND にはともに 5 V が入るため，その出力も 5 V となって，モータの右下にある N チャンネル MOSFET を導通状態にする．また，正転信号は図の右側にもつながっているが，その途中に NOT があるので，モータの右側のトランジスタ C1815 は遮断状態になり，モータの右上のパワー MOSFET のゲートには 5 V が入るため，この P チャンネル MOSFET は遮断状態になる．また，モータの左下の N チャンネル MOSFET のゲートには 0 V が入るため遮断状態になる．つまり，電流は左上と右下の MOSFET が導通状態であるため，モータの左から右に電流が流れて正転する．同様の考え方で確認すれば，正転逆転信号が 0 V の場合は，モータの右から左へ電流が流れて逆転する．そして，PWM 信号がつねに 0 V である場合は，右下と左下のパワー MOSFET が遮断状態になるため，モータが回転しなくなる．

ところで，SH8M4 の端子④に 0 V を加えると P チャンネル MOSFET のドレイン・ソース間が導通するということ，また，端子②に 5 V を加えると N チャンネル MOSFET のドレイン・ソース間が導通するということ，つまり，導通か遮断かは，ゲートに加える電圧で決まるものの，P チャンネルと N チャンネルで真逆であることを知っておきたい．

B.2　回路製作の注意点

以上，小型モータ用の駆動回路について説明したが，図 B.2 どおりに製作して，実際にモータを回すことはしないでほしい．初学者の場合，電源とグラウンドをショートさせてしまい，火災を起こしかねないからである．製作するときは，モータに精通した指導教員などの立ち会いの下で実施してほしい．

図 B.2 が初学者製作用として適さない駆動回路である理由を以下に記す．

モータの左上と左下のパワー MOSFET がともに導通状態になっているなら，ショートしていることになる．それは，SH8M4 の端子④に 0 V，端子②に 5 V が同時に加わった場合に生じる．図 B.2 はそのような状態に陥る回路には見えないが，各トランジスタ，MOSFET が信号を受けてから，実際に導通または遮断するまでのタイムラグが理由でショートする可能性がある．たとえば，モータの左上の MOSFET が遮断，モータ左下の MOSFET が導通の状態（モータは正転）にある途中で逆転に移行する場合，遮断と導通がともに切り替わる．万一，モータ左下の MOSFET が遮断する前

に，モータ左上の MOSFET が導通してしまったら，一瞬ではあってもショート状態に陥ってしまう．

安全にこの駆動回路を用いるためには，正転と逆転の切り替えの少し前から PWM 信号を 0 V にするなどの対策をしっかり講じて，絶対にショート状態に陥らないようにしなければならないが，そのためには，電気回路，電子回路，パワーエレクトロニクスに精通し，FPGA またはマイコンを思いどおりに使いこなせるだけの技術が備わっていないと難しい．

この回路に限らず，回路を製作し，正常に動作するかどうかを試すときには事故の危険性がともなう．たとえば，この回路を試作して動作を試すときでも，テスターとオシロスコープを用意して，端子②と端子④の信号に細心の注意を払うとともに，トランジスタの破裂や発火などの危険を予知して，保護メガネの着用や消火設備の確認はやっておきたい．また，いつでも電源を OFF にできるように回路を作る必要がある．回路完成後，初めて電力を投入するときは，回路を過信せず一瞬だけ電源を ON にしてパワー MOSFET が熱くなっていないかを確認し，その後も，1 秒間，3 秒間，10 秒間という感じに，少しずつ回路への電力投入時間を長くしていく慎重さも大切である．

章末問題の解答

第 2 章

2.1 正転と逆転の切替を可能にするためには，H ブリッジ回路を構成すればよい．小型モータ駆動用トランジスタとして，パワー MOSFET というトランジスタがよく用いられることも知っておこう（付録 B 参照）．

2.2 直流モータの回転速度は電圧に比例するため，モータの端子間電圧が調節できればよい．そのために，PWM 制御を用いるのが適している．

2.3 出力値の信頼性，ノイズ，センサの寿命の三つ

2.4 ロータリーエンコーダ

2.5 角速度

2.6 ホイートストンブリッジ回路．差動伝送方式を採用し，ホイートストンブリッジ回路のすぐ近くに電圧計をおき，フィルタでノイズを除去する等の処置をする．

2.7 シャント抵抗器（分流器）を用いる．または，ホール素子を利用した非接触電流検出センサを用いる．なお，電線に流れる電流を測る器具として，手動でその電線（単線）をつかんで測定することができる手持ち用非接触電流検出器，クランプメータもある．

2.8 PID は，Proportional，Integral，Differential の略．左から，比例，積分，微分．

2.9 PWM は pulse width modulation の略で，日本語ではパルス幅変調とよばれる．

2.10 図 2.7 のロータリーエンコーダには A 相，B 相，Z 相の 3 信号が出力される．そして，A 相に対して，B 相は 90° 位相が遅れている．つまり，正転のときは，A 相のパルスが立ち上がった後，B 相のパルスが立ち上がる（図 2.8 参照）．しかし，逆転のときは，A 相のパルスが立ち上がった後，B 相パルスは立ち下がることになる．したがって，正転と逆転が識別できる．

2.11 加減速がある場合はスリットが 30 個しかなければ，A 相 B 相の立ち上がりと立ち下がりを利用する 4 逓倍計測であっても 120 分割しかできない．さて，加減速がないことを前提にして，昨今のコンピュータで扱えるパルス信号の周波数は 1 GHz 前後であることと，汎用モータの回転数は速くても毎分約 10 万回転であることに着目して，1 回転で何パルス分あるかについて考えてみよう．このモータでは，1 秒間で 1667 回転する．一方，電気信号は 1 秒間で 10 億パルス発生する．つまり，10 億パルスを 1667 で割って，60 万パルス/1 回転となる．さらに，120 分割して，5000 パルス/3° を得る．コンピュータの 1 GHz のパルス信号 1 パルス分で 3°/5000 = 0.0006° を得るため，角度の最小単位は 0.0006° となる．

しかし，0.0006° になるのは，モータが毎分 10 万回転（一定）で回転しているときに限る．加速中であれば，3° 変化する間に 5000 パルス未満になるし，減速中であれば 5000 パルスを超す．そのため，1 パルス = 0.0006° と定めるのではなく，3° 変わる間のパルス数に応じて 1 パルスあたりの角度を定めるなどの対処があれば，正確ではないが加減速

140　章末問題の解答

中の回転数を推定できる.

2.12　たとえば，(1) 電圧フォロアとよばれる回路を通す，(2) 信号の送信をシングルエンドではなく差動方式にする，(3) ローパスフィルタを通す，などがある．電圧フォロア，シングルエンド，差動方式等の語句について，ぜひ調べてみてほしい.

2.13　検出素子部の変位 x は次式で与えられている．$x = A\sin\omega t$（つまり，A と ω は既知）．検出素子部は次式の速度 v で，ジャイロセンサ内において振動する．$v = A\omega\cos\omega t$.
ジャイロセンサが角速度 Ω で回転していれば，コリオリ力は $F_c = 2mv\Omega$ である．
図 2.9 中央にあるばねのばね定数を k，コリオリ力の影響で移動する変位を Δy としたとき，$F_c = k\Delta y$ となるので，次式が得られる．$k\Delta y = 2mA\omega\Omega\cos\omega t \cdots (*)$
電極 A，B，C の 3 枚の電極によって構成されるコンデンサにおいて，各電極間の静電容量を C_{AB}，C_{BC}，誘電率を ε，電極面積を S とし，コリオリ力が発生していないときの電極 AB 間距離と電極 BC 間距離をともに d としたとき，静電容量 C_{AB} と静電容量 C_{BC} は，次式で得られる.

$$C_{AB} = \frac{\varepsilon S}{d + \Delta y}, \quad C_{BC} = \frac{\varepsilon S}{d - \Delta y}$$

電極 AC 間に電圧 V を加えたとき，電極 AB 間の電位差 V_{AB} と電極 BC 間の電位差 V_{BC} は次式で得られる.

$$V_{AB} = \frac{C_{BC}}{C_{AB} + C_{BC}}V, \quad V_{BC} = \frac{C_{AB}}{C_{AB} + C_{BC}}V$$

V_{AB} と V_{BC} の差から次式が得られる.

$$V_{AB} - V_{BC} = \frac{C_{BC} - C_{AB}}{C_{AB} + C_{BC}}V = \frac{\Delta y}{d}V$$

つまり，$\Delta y = d(V_{AB} - V_{BC})/V$ なので，それと式 $(*)$ にもとづいて，次式が得られる.

$$\Omega = \frac{kd(V_{AB} - V_{BC})}{2m\omega VA\cos\omega t}$$

第 3 章

3.1　自由度には，体幹部の自由度と関節の自由度の二系統がある．体幹部の自由度はその位置や姿勢で定まり，拘束のない 3 次元空間では，並進の自由度 3 と回転の自由度 3 で，合わせて自由度 6 になる．関節の自由度は，ロボットの関節数に等しい．移動ロボットでは，代表する体幹部一つの自由度と関節の自由度の和が，そのロボットの自由度を指す．それに対して，土台をもつロボットの自由度は関節数に等しい.

3.2　コーヒーカップは 3 次元空間に存在する物体であるが，重力によってテーブル上に拘束されている．したがって，その動きは強く制限され，平面に沿った移動と回転しかできない．つまり，答えは平面上における並進の自由度 2 と回転の自由度 1 を合わせて，自由度 3 となる.

　参考までに，別の例をあげる．自動車などの車両は一見，地面に拘束されているように

見えるが，タイヤ部と乗車部がばね・ダンパーで切り離されている．よって，乗車部は自由度 6 である．

3.3 3 次元空間では，6 自由度あれば，あらゆる位置・姿勢にロボットアーム先端を動かすことができる．つまり，自由度が 7 以上あれば冗長である．このときのロボットの余分な自由度を冗長自由度という．冗長性があるとき，障害物回避と自然な姿勢が実現できる．

3.4 図 3.3(b) には，各座標系が記されている．隣接する座標系をつなぐ同次変換行列を求めるためには，まず当該関節の回転軸を見つけなければならない．解図 3.1 に回転軸を灰色にした 3 次元座標と，2 次元化した簡易図を示す．

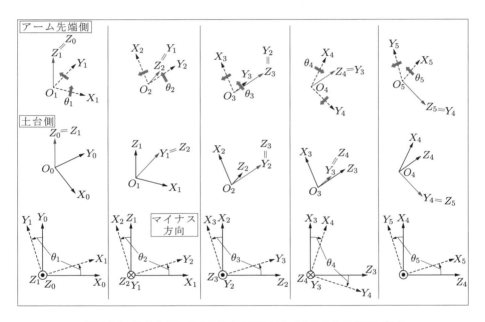

解図 3.1 隣り合う座標系の同次変換行列を求めるための簡易図作成

この図を参考に，方向余弦を求めて整理することで，各行列は以下のように求められる．ここで，$\sin\theta_i$ は S_i，$\cos\theta_i$ は C_i $(i = 1 \sim 5)$ として表現する．

$$ {}^{0}_{1}\boldsymbol{T} = \begin{bmatrix} C_1 & -S_1 & 0 & 0 \\ S_1 & C_1 & 0 & 0 \\ 0 & 0 & 1 & L_0 \\ 0 & 0 & 0 & 1 \end{bmatrix}, \quad {}^{1}_{2}\boldsymbol{T} = \begin{bmatrix} S_2 & C_2 & 0 & 0 \\ 0 & 0 & 1 & 0 \\ C_2 & -S_2 & 0 & L_1 \\ 0 & 0 & 0 & 1 \end{bmatrix} $$

$$ {}^{2}_{3}\boldsymbol{T} = \begin{bmatrix} C_3 & S_3 & 0 & 0 \\ 0 & 0 & 1 & L_2 \\ -S_3 & C_3 & 0 & 0 \\ 0 & 0 & 0 & 1 \end{bmatrix}, \quad {}^{3}_{4}\boldsymbol{T} = \begin{bmatrix} C_4 & -S_4 & 0 & 0 \\ 0 & 0 & 1 & 0 \\ S_4 & C_4 & 0 & L_3 \\ 0 & 0 & 0 & 1 \end{bmatrix} $$

$$
{}^4_5\boldsymbol{T} = \begin{bmatrix} S_5 & C_5 & 0 & 0 \\ 0 & 0 & 1 & L_4 \\ C_5 & -S_5 & 0 & 0 \\ 0 & 0 & 0 & 1 \end{bmatrix}
$$

3.5 ロール角は Z 軸回り，ヨー角は X 軸回りであるが，ピッチ角は Y 軸回りである．右手の指3本で XYZ の座標系を作ると，解図3.2の左端のようになる．各軸の矢印先端から座標系を見ると，X，Y，Z 軸の順に YZ 平面，ZX 平面，XY 平面となって，ピッチ（Y 軸回り）だけアルファベット順にならない．解図3.2の右端のように無理に X 軸を横軸，Z 軸を縦軸にとろうとすると，XZ 平面における Y 軸回りの回転方向が，ロールやヨーとは逆になる．

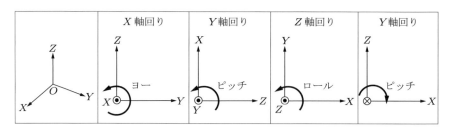

解図 3.2 座標系とロール・ピッチ・ヨー方向の関係

3.6 $x = L_e \cos\theta_1 \cos\theta_2$，$y = L_e \sin\theta_1 \cos\theta_2$，$z = L_1 + L_2 - L_e \sin\theta_2$ としてアーム先端座標が求められるので，各角度で偏微分してヤコビ行列を作ると，微小角度と微小位置変化の関係は次式になる．式中の 3×2 行列がヤコビ行列である．

$$
\begin{bmatrix} \Delta x \\ \Delta y \\ \Delta z \end{bmatrix} = \begin{bmatrix} -L_e \sin\theta_1 \cos\theta_2 & -L_e \cos\theta_1 \sin\theta_2 \\ L_e \cos\theta_1 \cos\theta_2 & -L_e \sin\theta_1 \sin\theta_2 \\ 0 & -L_e \cos\theta_2 \end{bmatrix} \begin{bmatrix} \Delta\theta_1 \\ \Delta\theta_2 \end{bmatrix}
$$

3.7 x，y の式は式 (3.26) で得られているので，各角度で偏微分して以下の式を得る．2×2 行列がヤコビ行列である．

$$
\begin{bmatrix} \Delta x \\ \Delta y \end{bmatrix} = \begin{bmatrix} -L_2 \sin\theta_1 - L_e \sin(\theta_1 + \theta_2) & -L_e \sin(\theta_1 + \theta_2) \\ L_2 \cos\theta_1 + L_e \cos(\theta_1 + \theta_2) & L_e \cos(\theta_1 + \theta_2) \end{bmatrix} \begin{bmatrix} \Delta\theta_1 \\ \Delta\theta_2 \end{bmatrix}
$$

3.8 初期点と終点付近では速度が落ちており，ロボットアームの先端は等速運動をしていない．したがって，アーム先端の初期点と終点付近では，時間の刻みを等しく保つために距離の刻みを小さく設定しなければならない．

3.9 ヤコビ行列は，空間上の位置および姿勢の微小値と，各モータ角度の微小値の関係を表している．空間は6自由度である一方，人の腕は7自由度なので，人の腕を再現するロボットを作るときにはモータを7個必要とする．各モータの回転角度を $\theta_1 \sim \theta_7$ としたとき，ヤコビ行列を含む位置・姿勢と各モータ角度の関係式は次のようになる．「$\cdot$」の部分は記述を省略している．

$$\begin{bmatrix} \Delta x \\ \Delta y \\ \Delta z \\ \Delta\theta_x \\ \Delta\theta_y \\ \Delta\theta_z \end{bmatrix} = \begin{bmatrix} \partial x/\partial\theta_1 & \cdot & \cdot & \cdot & \cdot & \cdot & \cdot \\ \cdot & & & & & & \cdot \\ \cdot & & & & & & \cdot \\ \cdot & & & & & & \cdot \\ \cdot & & & & & & \cdot \\ \cdot & & \cdot & \cdot & \cdot & \cdot & \partial\theta_z/\partial\theta_7 \end{bmatrix} \begin{bmatrix} \Delta\theta_1 \\ \Delta\theta_2 \\ \Delta\theta_3 \\ \Delta\theta_4 \\ \Delta\theta_5 \\ \Delta\theta_6 \\ \Delta\theta_7 \end{bmatrix}$$

3.10 ここでは略. プログラムは以下からダウンロード可能.

http://www.morikita.co.jp/books/mid/062521

第4章

4.1 伝達関数 $G(s)$ は,以下の式で表現され,一次遅れ要素と積分要素で構成される.

$$G(s) = \frac{1}{(Is + D)s}$$

4.2 ベクトル $[4, 0, 0]^T$ を $\boldsymbol{P}$ とするとき,Z 軸回りの負荷トルクは以下のように $-12\,\mathrm{N \cdot m}$ として得られる.つまり,モータトルク τ が $12\,\mathrm{N \cdot m}$ であれば,外力 F に対抗できる.

$$\boldsymbol{\tau}_L = \boldsymbol{P} \times \boldsymbol{F} = \begin{bmatrix} 4 \\ 0 \\ 0 \end{bmatrix} \times \begin{bmatrix} 0 \\ -3 \\ 0 \end{bmatrix} = \begin{bmatrix} 0 \\ 0 \\ -12 \end{bmatrix}$$

4.3 ベクトル $[0, 4, 5]^T$ を $\boldsymbol{P}$ とするとき,X 軸回りの負荷トルクは以下のように $43\,\mathrm{N \cdot m}$ として得られる.つまり,モータトルク τ が $-43\,\mathrm{N \cdot m}$ であれば,外力 F に対抗できる.

$$\boldsymbol{\tau}_L = \boldsymbol{P} \times \boldsymbol{F} = \begin{bmatrix} 0 \\ 4 \\ 5 \end{bmatrix} \times \begin{bmatrix} 0 \\ -3 \\ 7 \end{bmatrix} = \begin{bmatrix} 43 \\ 0 \\ 0 \end{bmatrix}$$

4.4 p.70 の式 (4.18) である.

4.5 ヤコビ行列 $\boldsymbol{J}$ は次のように得られる(章末問題 3.6).

$$\boldsymbol{J} = \begin{bmatrix} -L_e \sin\theta_1 \cos\theta_2 & -L_e \cos\theta_1 \sin\theta_2 \\ L_e \cos\theta_1 \cos\theta_2 & -L_e \sin\theta_1 \sin\theta_2 \\ 0 & -L_e \cos\theta_2 \end{bmatrix}$$

この $\boldsymbol{J}$ と ${}^0\boldsymbol{F}$ を $\boldsymbol{\tau}_L = \boldsymbol{J}^T\,{}^0\boldsymbol{F}_L$ に代入して,以下のように負荷トルクが求められる.

$$\begin{bmatrix} \tau_{L1} \\ \tau_{L2} \end{bmatrix} = \begin{bmatrix} -L_e \sin\theta_1 \cos\theta_2 & L_e \cos\theta_1 \cos\theta_2 & 0 \\ -L_e \cos\theta_1 \sin\theta_2 & -L_e \sin\theta_1 \sin\theta_2 & -L_e \cos\theta_2 \end{bmatrix} \begin{bmatrix} f_x \\ f_y \\ f_z \end{bmatrix}$$

モータトルク τ_1, τ_2 は,それぞれ $\tau_1 = -\tau_{L1}$,$\tau_2 = -\tau_{L2}$ であるので,次のようになる.

$$\tau_1 = L_e f_x \sin\theta_1 \cos\theta_2 - L_e f_y \cos\theta_1 \cos\theta_2$$
$$\tau_2 = L_e f_x \cos\theta_1 \sin\theta_2 + L_e f_y \sin\theta_1 \sin\theta_2 + L_e f_z \cos\theta_2$$

144　章末問題の解答

4.6　p.73 の式 (4.23) と式 (4.24) である.

4.7　p.74 の式 (4.27) と式 (4.28) である.

4.8　地上から垂直方向に距離 z 移動しているとすれば,運動エネルギー T と位置エネルギー U は以下の式で表現できる.

$$T = \frac{m\dot{z}^2}{2}, \quad U = mgz$$

したがって,ラグランジアン $\mathcal{L}$ は,$\mathcal{L} = m\dot{z}^2/2 - mgz$ で得られる.よって,運動方程式は $m\ddot{z} = F - mg$ となる.

4.9　(1) 電圧 e がモータに加わってからモータトルク τ が出力されるまでに時定数 L_a/R_a の一次遅れ要素を通る(p.65 の図 4.4 の電気系モデル参照).したがって,どんなに優れた制御系を構築しても,τ の時間挙動は τ_d の信号に対して少し遅れる.

(2) τ が τ_d に近いということには二つの意味がある.「静的に τ が τ_d に近い」,「動的に変化する τ_d に対して τ がうまく追従する」の二つである.一つめは τ の最終値と τ_d の最終値が一致すればよいので,制御系に純積分器が含まれることが望まれる.二つめの動的追従は,比例ゲインや積分ゲインを大きめにとって制御系を構築すればよい.一次遅れ要素を制御対象に PI 制御するので,τ が多少振動することはあっても,発散する可能性は低い.実際には,静的に τ_d と τ が一致し,時定数が L_a/R_a に比べて多少大きい程度にできれば理想的である.

4.10　図 3.12 におけるアーム先端の座標は,

$$\begin{bmatrix} x \\ y \\ z \\ 1 \end{bmatrix} = \begin{bmatrix} \cos\theta_1 & -\sin\theta_1 & 0 & 0 \\ \sin\theta_1 & \cos\theta_1 & 0 & 0 \\ 0 & 0 & 1 & L_1 \\ 0 & 0 & 0 & 1 \end{bmatrix} \begin{bmatrix} \sin\theta_2 & \cos\theta_2 & 0 & 0 \\ 0 & 0 & 1 & 0 \\ \cos\theta_2 & -\sin\theta_2 & 0 & L_2 \\ 0 & 0 & 0 & 1 \end{bmatrix} \begin{bmatrix} 0 \\ L_e \\ 0 \\ 1 \end{bmatrix}$$

から,$x = L_e \cos\theta_1 \cos\theta_2$,$y = L_e \sin\theta_1 \cos\theta_2$,$z = L_1 + L_2 - L_e \sin\theta_2$ と得られる.時間微分すると $\dot{x} = -L_e\dot{\theta}_1 \sin\theta_1 \cos\theta_2 - L_e\dot{\theta}_2 \cos\theta_1 \sin\theta_2$,$\dot{y} = -L_e\dot{\theta}_1 \cos\theta_1 \cos\theta_2 - L_e\dot{\theta}_2 \sin\theta_1 \sin\theta_2$,$\dot{z} = -L_e\dot{\theta}_2 \cos\theta_2$ となるので,$\mathcal{L} = m(\dot{x}^2 + \dot{y}^2 + \dot{z}^2)/2 - mgz$ に代入することで,ラグランジアンを以下のように求めることができる.

$$\mathcal{L} = \frac{mL_e}{2}\{\dot{\theta}_1^2 \cos^2\theta_2 + \dot{\theta}_2^2 + 2\dot{\theta}_1\dot{\theta}_2 \sin\theta_1 \cos\theta_2 \sin(\theta_1 - \theta_2)\}$$
$$- mg(L_1 + L_2 - L_e \sin\theta_2)$$

なお,この式にもとづいてラグランジュの運動方程式を導くことができる.

第5章

5.1　式 (2.7)(p.23)を参考にすればよい.ただし,操作量 $u(t)$ はトルク τ に変更し,制御工学では初期値を 0 として扱うことが多いので,ここでも積分範囲は 0 から t とする.

$$\tau = k_p E_{rr} + k_i \int_0^t E_{rr}\,dt + k_d \frac{dE_{rr}}{dt}$$

章末問題の解答　**145**

5.2 伝達関数に積分要素があるなら，PD制御が望ましい．含まれないならPI制御がよい．

5.3 トルク→角加速度→角速度→角度の因果関係がある．その途中，積分要素が含まれる．

5.4 式 (5.7)，(5.8) または式 (5.9)，(5.10) である．なお，PD制御が適している．

5.5 位置と力のハイブリッド制御では，空間において必ず位置制御系の向きと力制御系の向きが直交するため，互いに干渉し合わない．

5.6 式 (5.24)，(5.25) の位置制御則と式 (5.26) の力制御則を式 (5.28) で足し合わせたものが，ハイブリッド制御の制御則である．

$$\tau_{p1} = k_{pp1}(\theta_{d1} - \theta_1) - k_{pd1}\omega_1 \tag{5.24}$$

$$\tau_{p2} = k_{pp2}(\theta_{d2} - \theta_2) - k_{pd2}\omega_2 \tag{5.25}$$

$$\begin{bmatrix} \tau_{f1} \\ \tau_{f2} \end{bmatrix} = \begin{bmatrix} k_{fp1} & 0 \\ 0 & k_{fp2} \end{bmatrix} \boldsymbol{J}^T \begin{bmatrix} \cos\theta_w & -\sin\theta_w \\ \sin\theta_w & \cos\theta_w \end{bmatrix} \begin{bmatrix} F_d - F \\ 0 \end{bmatrix}$$
$$+ \begin{bmatrix} k_{fi1} & 0 \\ 0 & k_{fi2} \end{bmatrix} \boldsymbol{J}^T \int_0^t \begin{bmatrix} \cos\theta_w & -\sin\theta_w \\ \sin\theta_w & \cos\theta_w \end{bmatrix} \begin{bmatrix} F_d - F \\ 0 \end{bmatrix} dt \tag{5.26}$$

$$\begin{bmatrix} \tau_1 \\ \tau_2 \end{bmatrix} = \begin{bmatrix} \tau_{p1} \\ \tau_{p2} \end{bmatrix} + \begin{bmatrix} \tau_{f1} \\ \tau_{f2} \end{bmatrix} \tag{5.28}$$

5.7 単純に機械インピーダンスを力/速度で定義することもあれば，力と運動の関係を総括して，機械インピーダンスということもある．概して，ロボットアームなどの力学系制御対象についての，式 (5.32) に示すマス・ばね・ダンパ系の $\boldsymbol{M}$，$\boldsymbol{D}$，$\boldsymbol{K}$ を制御系設計者の望みどおりにする制御が，機械インピーダンス制御である．

$$\boldsymbol{M}\ddot{\boldsymbol{x}} + \boldsymbol{D}\dot{\boldsymbol{x}} + \boldsymbol{K}\boldsymbol{x} = \boldsymbol{F} \tag{5.32}$$

5.8 機械部品の表面研磨やバリとり，窓ふきロボットなど，移動経路や力の大きさが明確で位置制御と力制御の方向が異なる場合はハイブリッド制御を使用し，介護ロボットやパワーアシストロボットなど人とのかかわりが強く，特に接触や衝突に対して柔軟に対応する必要がある場合はインピーダンス制御を使用する．

5.9 式 (5.35) が，インピーダンス制御の制御則を示している．

$$\boldsymbol{\tau} = (\hat{\boldsymbol{M}}\boldsymbol{J}^{-1}\boldsymbol{M}_d^{-1}\boldsymbol{K}_{Fd} - \boldsymbol{J}^T)\boldsymbol{F}_L - \hat{\boldsymbol{M}}\boldsymbol{J}^{-1}\dot{\boldsymbol{J}}\dot{\boldsymbol{\theta}} + \hat{\boldsymbol{h}} + \hat{\boldsymbol{g}}$$
$$+ \hat{\boldsymbol{M}}\boldsymbol{J}^{-1}\boldsymbol{M}_d^{-1}\{-\boldsymbol{D}_d(\dot{\boldsymbol{r}} - \dot{\boldsymbol{r}}_d) - \boldsymbol{K}_d(\boldsymbol{r} - \boldsymbol{r}_d)\} \tag{5.35}$$

5.10 J. G. Ziegler と N. B. Nichols によって提唱されたジーグラーニコルス法，K. L. Chien と J. A. Hrones，J. B. Reswick によって提唱された CHR 法などがある．

5.11 M. H. Raibert と J. J. Craig が，1981 年，Hybrid Position/Force Control of Manipulators という題で論文発表した．題名でネット検索すれば，簡単に原稿を入手できる．

5.12 一つ例示する．ロボットアームを人の構造に近づけるため，硬い金属骨格部を柔軟素材で覆いつつ，力覚センサだけは柔軟素材の外側に取り付けるようにして，その柔軟素材部が人に接触すると同時にインピーダンス制御が発動し，硬い骨格部の慣性エネルギーが人に伝わらないようにする．ほかにも多様な解答がありうるだろう．

146 章末問題の解答

付録

A.1 (1) $\begin{bmatrix} 8 & 7 \\ 7 & 11 \end{bmatrix}$ (2) $\begin{bmatrix} 58 & 28 \\ 11 & 10 \end{bmatrix}$ (3) $\begin{bmatrix} 7 & 4 \\ 6 & 18 \end{bmatrix}$ (4) $\begin{bmatrix} 9 & 9 & -7 \\ 0 & 14 & -18 \\ 10 & 2 & 26 \end{bmatrix}$

(5) $\begin{bmatrix} 1 & 0 & 4 \\ 0 & 3 & -1 \\ 2 & 2 & -6 \end{bmatrix}$ (6) $\begin{bmatrix} -5 \\ 49 \\ -24 \end{bmatrix}$ (7) $\begin{bmatrix} 52 \\ -6 \\ 30 \end{bmatrix}$

A.2 (1) $\begin{bmatrix} 2/3 & -1/3 \\ -1/3 & 2/3 \end{bmatrix}$ (2) $\begin{bmatrix} 3/17 & -5/17 \\ 1/17 & 4/17 \end{bmatrix}$ (3) $\begin{bmatrix} -2/37 & 1/74 & 11/74 \\ -5/37 & 21/74 & 9/74 \\ 16/37 & -4/37 & -7/37 \end{bmatrix}$

A.3 $x(s) = a/s$

A.4 $G(s) = k/(1 + Ts)$

A.5 $G(s)$ と $x(s)$ を掛け算する.

$$y(s) = \frac{k}{1 + Ts} \cdot \frac{a}{s}$$

A.6 問題 A.5 の答えを,ラプラス変換表で時間領域に戻せる式の形に導いて逆変換する.

$$y(s) = \frac{k}{1 + Ts} \cdot \frac{a}{s} = \frac{ak}{s} - \frac{akT}{1 + Ts}$$
$$y(t) = a(1 - e^{-t/T})k$$

A.7 微分方程式をラプラス変換すると,$Mx(s)s^2 + Dx(s)s + kx(s) = F(s)$ になる.したがって,次式のように求められる.

$$G(s) = \frac{1}{Ms^2 + Ds + k}$$

A.8 $dy/dt = -y$ より,$-y^{-1}dy = dt$ に変形して両辺を積分すると,以下の式が得られる.

$$\int -\frac{1}{y}\,dy = \int dt \quad \rightarrow \quad -\log y = t + C$$

$t = 0$ のとき $y = 1$ なので,積分定数 C は 0 であり,答えは次のように得られる.

$$y(t) = e^{-t}$$

A.9 オイラー法(陽解法)では,式 (A.30) より $y_{k+1} - y_k = h(-y_k)$ になるので,整理すると $y_{k+1} = (1 - h)y_k$ となる.

A.10 オイラー法に比べ,ルンゲ–クッタ法のほうが高い精度で計算できる.

A.11 陰解法のほうが,変数変化に強いため,時間刻みが大きくても計算が安定している.ただし,プログラミングは陽解法のほうが著しく簡単に済む.

学習用参考文献

[文献番号] [難易度] 著者名，書名，出版社，（ページ，）出版年の順に記す．

[1.1] [②] 日本ロボット学会編，新版ロボット工学ハンドブック，コロナ社，p.14，2005.

[1.2] [①] 新井健生監修，図解雑学 ロボット，ナツメ社，pp.58-63，2005.

[1.3] [②] Irving P. Herman (著)，齋藤太朗，高木健次 (訳)，人体物理学，NTS，pp.5-14，2009.

[1.4] [②] （入門書として，）すすたわり，FPGA 入門：回路図と HDL によるディジタル回路設計，秀和システム，2012.

[1.5] [③] 兼田護，VHDL によるディジタル電子回路設計，森北出版，2007.

[1.6] [③] （実用書として，）(株) 半導体理工学研究センター監修，LSI 設計の基本：RSL 設計スタイルガイド，培風館，2011.

[2.1] [②] 谷腰欣司，DC モータ活用の実践ノウハウ，CQ 出版社，pp.11-33，2000.

[2.2] [③] 江崎雅康，ブラシレス DC モータのベクトル制御技術，CQ 出版社，2013.

[2.3] [①] 金子敏夫，やさしい機械制御，日刊工業新聞社，1992.

[2.4] [②] 山本重彦，加藤尚武，PID 制御の基礎と応用（第 2 版），朝倉書店，2005.

[2.5] [②] 島田明，モーションコントロール，オーム社，pp.31-39，2004.

[2.6] [②] 谷腰欣司，DC モータ活用の実践ノウハウ，CQ 出版社，pp.127-132，2000.

[3.1] [②] 下嶋浩，佐藤治，ロボット工学，森北出版，pp.15-18，1999.

[3.2] [②] 川﨑晴久，ロボット工学の基礎（第 2 版），森北出版，pp.52-55，2012.

[3.3] [②] 早川恭弘，矢野順彦，櫟弘明，ロボット工学，コロナ社，pp.40-43，2007.

[3.4] [③] John J. Craig (著)，三浦宏文，下山勲 (訳)，ロボティクス—機構・力学・制御—，共立出版，pp.26-64，1991.

[3.5] [②] 川﨑晴久，ロボット工学の基礎（第 2 版），森北出版，pp.51-52，2012.

[3.6] [②] 鈴森康一，ロボット機構学，コロナ社，pp.122-123，2004.

[3.7] [②] 川﨑晴久，ロボット工学の基礎（第 2 版），森北出版，pp.109-119，2012.

[3.8] [③] 島田明，モーションコントロール，オーム社，pp.177-183，2004.

[4.1] [①] 伊藤勝悦，工業力学入門（第 3 版），森北出版，pp.93-99，2014.

[4.2] [②] 島田明，モーションコントロール，オーム社，pp.25-27，2004.

[4.3] [③] John J. Craig (著)，三浦宏文，下山勲 (訳)，ロボティクス—機構・力学・制御—，共立出版，pp.150-151，1991.

[4.4] [②] 鈴森康一，ロボット機構学，コロナ社，p.143，2004.

[4.5] [②] 川﨑晴久，ロボット工学の基礎（第 2 版），森北出版，pp.81-91，2012.

[4.6] [①] 伊藤勝悦，工業力学入門（第 3 版），森北出版，Web 版補遺 B，2014.

[4.7] [②] 川﨑晴久，ロボット工学の基礎（第 2 版），森北出版，pp.77-81，2012.

[5.1] [③] 吉川恒夫，ロボット制御基礎論，コロナ社，pp.164-170，1988.

[5.2] [③] 島田明，モーションコントロール，オーム社，2004，pp.183-202，2004.

[5.3] [③] 日本ロボット学会編，新版ロボット工学ハンドブック，コロナ社，pp.289-295，2005.

[A.1] [③] 戸川隼人，UNIX ワークステーションによる科学技術計算ハンドブック，サイエンス社，pp.474-543，1992.

索 引

●英数先頭

1 自由度ロボットアーム　　63
2 軸ロボットアーム　　76, 78
4 逓倍　　14
ASIC　　5
FPGA　　5
GPS　　49
H ブリッジ回路　　9
OpenGL　　85, 133
PD 制御　　22, 93, 102
PI 制御　　22, 93, 103
PID 制御　　21
PWM 制御　　10, 23
SLAM　　49

●あ 行

アクチュエータ　　1, 8
圧覚センサ　　16
アナログ制御　　22
位　置　　26–28
一次変換　　123
位置制御　　95
陰的ルンゲ–クッタ法　　130
インピーダンス　　107
運動エネルギー　　72, 79
運動学　　6, 26
運動方程式　　7, 74
エネルギー　　72, 76, 78
遠心力　　83
エンドエフェクタ　　2
オイラー法　　127
オドメトリ　　49
音源定位　　49

●か 行

回転変換　　124
回転変換行列　　32
外　力　　78

外力に対抗するトルク　　67
角度制御システム　　93
壁拘束座標系　　101
慣性モーメント　　83
関節角度　　6
機械インピーダンス　　108
機械インピーダンス制御　　107
機械系モデル　　64
軌道制御　　55, 95
逆運動学　　49, 95
逆起電力　　63
逆起電力定数　　63
逆行列　　119
行　列　　118
行列式　　119
グリッパー　　2
グローバル座標系　　30
後方オイラー法　　128
コリオリ力　　15, 83
コントローラ　　17
コンプライアンス制御　　108

●さ 行

座標系　　28
サーボ　　8
サーボモータ　　2
産業用ロボット　　2
シーケンス制御　　18
姿　勢　　26–28
質　量　　83
ジャイロセンサ　　14
自由度　　26
重　力　　83
重力補償　　114
順運動学　　32, 80
冗長自由度　　27
ジンバルロック　　48
数値シミュレーション　　83

索　引　**149**

制御対象　21
静力学　7, 67
絶対座標系　30
センサ　11

●た　行
体幹部　26
直流モータ　9
ディジタル制御　23
適合選択行列　102
電気系モデル　64
伝達関数　18
電流制御器　66, 93
電流フィードバック制御　62
統合制御装置　5, 23
同次変換行列　39
動力学　7, 72
特異姿勢　57
塗装　2
土台　3
トランジスタ　9
ドリフト現象　15
トルク算出法　67, 68
トルク制御器　66
トルクセンサ　16, 66
トルク定数　63

●な　行
ニュートン‐オイラーの運動方程式　72
ニュートンの運動方程式　72

●は　行
ハイブリッド制御　100
パレタイジング　2
パワードスーツ　108
ひずみゲージ　15
ピッチ角　29
非保存一般化力　73
フィードバック制御　5, 18
ブラシ　9
ブラシレス DC モータ　10
ブロック線図　19

並進変換行列　38
ベクトルの外積　125
ホイートストンブリッジ回路　15
方向余弦　32
ポテンシャルエネルギー　72, 79
ポテンショメータ　12

●ま　行
目標軌道　50, 95
モータ　1
モータドライバ　2, 23
モータトルク　62

●や　行
ヤコビアン　52
ヤコビ行列　52, 68
床衝突　87, 89
ユニメート　2
余因子行列　120, 121
溶接　2
要素　118
ヨー角　29

●ら　行
ラグランジアン　72, 79
ラグランジュの運動方程式　72
ラグランジュ法　72
ラプラス変換　125
力覚センサ　15
リンク　3
ルンゲ‐クッタ法　84, 129
ローカル座標系　30
ロータリーエンコーダ　13
ロードセル　15
ロボットアーム　2
ロボットオペレータ　2
ロール角　29

●わ　行
ワーク　2, 108
ワールド座標系　30

著 者 略 歴

高田　洋吾（たかだ・ようご）
1995 年　大阪市立大学大学院工学研究科機械工学専攻前期博士課程修了
　　　　　フジテック株式会社研究開発本部
1997 年　大阪市立大学工学部機械工学科助手
2001 年　大阪市立大学大学院工学研究科機械工学専攻講師
2010 年　大阪市立大学大学院工学研究科機械物系専攻准教授
2014 年　同教授
　　　　　現在に至る
　　　　　博士（工学）

編集担当　上村紗帆（森北出版）
編集責任　富井　晃（森北出版）
組　　版　プレイン
印　　刷　エーヴィスシステムズ
製　　本　協栄製本

入門　ロボット工学
Primer of Robotics　　　　　　　　　　　　　　　ⓒ 高田洋吾　*2017*

2017 年 10 月 30 日　第 1 版第 1 刷発行　　　　【本書の無断転載を禁ず】
2020 年 8 月 5 日　　第 1 版第 2 刷発行

著　　者　高田洋吾
発 行 者　森北博巳
発 行 所　森北出版株式会社
　　　　　東京都千代田区富士見 1-4-11（〒102-0071）
　　　　　電話 03-3265-8341／FAX 03-3264-8709
　　　　　https://www.morikita.co.jp/
　　　　　日本書籍出版協会・自然科学書協会　会員
　　　　　JCOPY ＜（一社）出版者著作権管理機構　委託出版物＞

落丁・乱丁本はお取替えいたします.

Printed in Japan／ISBN 978-4-627-62521-1